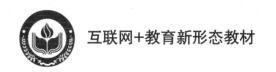
互联网+教育新形态教材

含微课

# 新时代
# 安全教育

主　编　吕柏松　冯金利　汪翼飞

副主编　汪　力　王　鑫　黄　伟
　　　　雷新志

U0248266

河北科学技术出版社

·石家庄·

图书在版编目（CIP）数据

新时代安全教育 / 吕柏松，冯金利，汪翼飞主编
. —石家庄：河北科学技术出版社，2023.7
　　ISBN 978-7-5717-1652-3

　　Ⅰ.①新… Ⅱ.①吕… ②冯… ③汪… Ⅲ.①安全教
育—高等学校—教材 Ⅳ.① X925

　　中国国家版本馆 CIP 数据核字（2023）第 120811 号


书　　名：**新时代安全教育**
　　　　　XINSHIDAI ANQUAN JIAOYU
主　　编：吕柏松　冯金利　汪翼飞

责任编辑：胡占杰
责任校对：张　健
美术编辑：张　帆
封面设计：唐韵设计
出　　版：河北科学技术出版社
地　　址：石家庄市友谊北大街 330 号（邮编：050061）
印　　刷：廊坊市文峰档案印务有限公司
经　　销：新华书店
开　　本：787×1092　1/16
印　　张：13.25
字　　数：282 千字
版　　次：2023 年 7 月第 1 版
印　　次：2023 年 7 月第 1 次印刷
书　　号：978–7–5717–1652–3
定　　价：36.80 元

# 前　言

我国职业教育的发展趋势越来越好，各校办学规模不断扩大，但随之而来的学生安全问题也成为我国学校棘手的课题之一。营造安全稳定的校园环境，提高学生的安全意识、防范意识和应急处置能力，是学生学习、生活、成长和发展的前提。学生作为学校的主体，对其进行切实有效的安全教育，是保持学校良性运行与社会和谐稳定的需要，是保证学生全面发展的需要，也是切实贯彻以人为本、全面发展的教育方针和人才培养目标的需要。

安全知识是学生知识体系中必不可少的一部分。安全知识教育是当今学校教育的重要组成部分，它将安全教育推进课堂，使学生接受系统的安全教育和培训，从而使学生懂得并运用安全知识来维护并促进自身的身心健康和发展。通过学校安全知识教育，在提高社会个体的应急防范能力的同时，提高了整个社会的整体应急防控能力，不仅仅优化了校园环境，营造了和谐向上的育人环境，而且积极推进了和谐社会的建设。

本书以提高学生安全防范意识和自觉遵纪守法意识为目的，关注学生的生活、学习、认知、身心等成长方面的问题，阐述了相关知识和法律法规，并通过具体案例进行了分析。

本书集新颖性、科学性、实用性于一体，是一本全面介绍学生安全知识的教材。全书共分为12章，从学生安全教育概述、国家安全、人身与财产安全、防范电信网络诈骗、网络与信息安全、交通出行安全、消防安全、心理健康安全、实验室安全、日常生活安全、突发事件安全、求职就业安全几个方面对学生安全知识进行了介绍。

为了更好地让读者了解知识内容，增强阅读兴趣，本书在每章中都设置了小贴士、课堂故事、思政小课堂，章末设置了知识链接。

本书在撰写过程中，广泛吸收了近年来多所学校的研究成果，参考了有关同行专家的著作和文章，在此深表感谢。由于时间仓促，本书存在疏漏之处在所难免，敬请各位专家、读者批评指正，以便进一步完善。

本书既可以作为各类院校教材使用，也可以作为安全教育读物，适合学生、青少年、高等教育管理者以及相关工作者阅读和参考。

编　者

2023年4月

# 目 录

# 第一章

# 学生安全教育概述

"重视安全"是一种态度、一种责任，更是一种境界。企业、学校、社会团体之所以花那么大的力气开展多方面全方位的安全宣传，就是想通过这些安全的警示教育、安全知识的普及，增强全体人员的安全意识和素养，唤起每一位热爱生活、有仁爱之心的社会公民的责任感，使其担负起为家庭幸福、社会稳定、国家兴衰的这份神圣责任，使人人重视安全、时时事事关心安全，不因自己的过错给社会、家庭和他人带来不可挽回的经济损失和无法弥合的心灵创伤。作为一种态度，"重视安全"在工作、生活中就会用心投入、实实在在地做事、追求卓越。作为一种责任，"重视安全"工作时就会带着一种正确的思维与判断，认真做事、避免做错事。作为一种境界，"重视安全"就能在规范自己的行为举止时也留意对他人生命财产的关心。

📲 情境导入

　　×年×月，我国发生了首例互联网泄密事件。成都某校学生李某，毕业后在某研究所工作，后任助理工程师。李某熟悉信息工程专业，爱好军事理论，又是个网迷，业余时间多沉迷于网上聊天，浏览网上信息，本应是个有前途的青年技术工作者，却因屡次违反工作纪律受到单位除名处分。被辞退后，李某利用在研究所工作期间所了解到的有关我国研究新型武器的国防机密内容，擅自撰写文章在网上发表。此文迅速被国际互联网若干站点转载，传播范围达若干国家和地区，造成我国国防机密外泄和不良影响，被我国安全保密部门迅速拦截，李某也受到了应有的处罚。

　　案例来源：曹广龙．大学生安全教育［M］．苏州：江苏大学出版社，2010，略有删改。

✏ 情境点评

　　学生法律意识淡薄已成为社会上一个突出的问题，有些学生擅长计算机、精通外语，对网络非常熟悉，在自己的专业领域里也出类拔萃，可是只要一提起法律，他们就一脸茫然。

　　作为学校，可以采取以下措施来增强学生的法律意识：

　　（1）开展"模拟法庭"活动。通过模拟法官、律师、检察官、被告等角色，提高守法的自觉性。

　　（2）开展有关法学方面的知识竞赛。通过开展以"某法律"为主题的知识竞赛，调动学习法律知识的积极性，以增加法律知识储备。

　　（3）到法院旁听，开阔视野，深入社会。

　　（4）观看重大复杂案件的录像，或者是请法学专家、有关办案人员来校演讲，针对社会上的一些案件进行分析。

　　（5）开展"法律在身边"等征文活动，提高学习法律知识的积极性。

　　（6）通过选修民事、刑事、诉讼法等法律课程，或者是通过阅读报纸、杂志上的法律专栏等途径来获取法律知识。

🎓 知识梳理

## 第一节　学校安全教育现状与途径

　　安全教育是各级各类学校素质教育中不可缺少的一个重要组成部分。因此，抓好学生安全教育，提高学校安全教育工作的实效性，对于加强学校学生的日常管理，维护学校的正常教学及生活秩序，保障学生人身和财物安全，促进学生健康心理的形成，都具有十分重要的现实意义。

## 一、学校安全教育现状

### （一）对安全教育的重要性认识不足

对安全教育的重要性认识不足，主要体现在两方面，一是学校相关部门对安全教育的重要性认识不足，重形式轻实效，敷衍塞责，应付了事。二是学生自身对于安全教育采取一种漠视的态度。在重智力轻能力的社会大环境下，学生从小到大一心埋头学习，完全缺乏必要的社会经验，认为安全教育课是可有可无、无须重视的边缘学科。

### （二）安全教育内容及形式单一

目前，很多学校的安全教育还停留在传统的安全教育模式上，教学内容不够完整，缺乏系统性，授课形式单一，方法不力。大都采取集中授课、讲座或报告的形式，学生体验和参与性不足，时间一长，学生就慢慢淡忘了。当前，影响学校安全稳定的因素不断增多，情况日益复杂，虽然很多学生接受过安全教育，但真正在面对突发事件和自然灾害时却手足无措，缺乏应有的基本应对能力。

### （三）对心理健康教育重视不够

在学校安全教育中，心理健康教育投入明显不足，在偏重智力教育的倾向下，学生的思想道德和身心健康教育很容易被忽视。云南大学马加爵案件等应引起我们足够的重视，在这些学生心理问题产生之初，如果学校的心理教育机构能够及时介入，并及时采取心理疏导和干预的话，那么这些悲剧或可以避免。调查显示，我国部分学校没有正规的心理教育机构，即使设立了心理教育机构的学校，其心理咨询人员与学生的比例约为1∶1000，远低于国外学校的1∶400，这其中还有一些心理咨询人员不是专业人员，而是由辅导员和专业课教师担任的。可见，心理健康教育是一项长期而又细致的工作，急需改革创新。

## 二、加强学生安全教育的途径

### （一）注重学生安全意识的培养

安全意识的培养包括两个方面，安全思想教育和安全态度教育。我们发现，很多安全事故的发生，都是由于人们的安全防范意识和自我保护意识淡薄，换言之，很多事故的发生源于人们思想和态度上的不重视，麻痹大意。

1. 安全思想教育

安全思想教育的内容包括国家相关的法规、政策、思想道德和一些典型案件，其目的是要使学生在思想上对"安全"重视起来。加强学生的安全思想教育要通过多种形式开展，除了课堂教育外，还可以通过参观相关展览、听取当事人的自省、开展专题的研讨会和辩论会、举办安全知识问答等形式，从多方面启发和教育学生，使学生珍爱生命、尊重法律、增强对家庭和社会的责任感，在思想上筑起牢固的安全防线。

2. 安全态度教育

人的安全态度不是先天的本能行为，而是在相当长的时期内通过接受外界刺激，不断变化其心理准备状态而形成的。任何意外事故都是由人的不安全行为和物的不安全状态共同作用引发的。学校的安全教育就是要通过教育活动，端正学生的安全态度，增强其安全意识。安全态度的形成可以使学生在事故和错误行为发生之前就能够作出准确的判断，而不仅仅是事后纠正。总而言之，正确的安全态度能够防患于未然，使安全事故和错误行为的损害降至最低。

（二）强化学生安全知识和技能教育

安全知识和技能教育是学校安全教育的主要内容，学生的安全知识和技能教育主要包括人身财产安全和网络安全。

1. 人身财产安全

学校安全教育中的人身财产安全教育包括基本的逃生技能培养、基本的防盗技能培养和基本的急救能力培养。

（1）基本逃生技能培养。基本的逃生技能主要指火灾中的逃生，很多学生缺乏必要的消防安全常识和自救逃生技能。2008年，上海某学院一女生宿舍发生火灾，宿舍内的4名女生先后从6楼跳楼逃生遇难，事故原因是学生违规使用电器所致。因此，在开展消防安全逃生技能教育时，要引导学生掌握"四懂""四会"这些基本常识和技能。

（2）基本防盗技能培养。近年来，学校宿舍、食堂盗窃案呈现多发的趋势，除了学生的安全意识薄弱外，其根本原因在于学生缺乏基本的防盗能力。在进行该项技能的培养时，学校相关部门应通过观看视频、进行案例分析等方式增强学生的防盗技能，不给犯罪分子以可乘之机。

> **小贴士**
>
> 如何防盗？
> （1）离开时一定要关好门窗，防止不法分子入室盗窃。
> （2）住底楼的同学不要将书包、衣物等放在靠窗的地方，以防被钩走。
> （3）存折、金融卡与密码分开存放，密码必须保密，以防冒领。
> （4）不在宿舍留宿外人，以防引狼入室。
> （5）对无故闯入宿舍或上门推销物品的陌生人要提高警惕，认真盘问或报告保卫处（派出所）。
> （6）妥善保管移动电话、手表等小件贵重物品，做到物随人走。
> （7）不要用书包在教室、图书馆、食堂等公共场所占位置，离开时书包随身携带，防止被人拎走。
> （8）书包、衣物等不要在体育活动场所随意乱放，须托人保管或先放回宿舍。
> （9）在公共浴室洗澡时不要携带贵重物品、大量现金。
> （10）在食堂、商店等人多拥挤的地方，要防止后裤袋、背（挎）包的钱物被人扒窃。
> （11）不要随便会见陌生人（网友），提高防范意识。

**课堂故事**

2022年2月至4月，某校保卫处陆续接到学生手机在寝室被盗的报案共十余起。保卫部门经过布控和蹲守，终于将正在实施盗窃的嫌疑人于某抓获。经询问，于某交代其均是利用早晨6~7点钟这个时间段溜入学生宿舍楼，看准有人去洗漱、其他人正睡觉而门未锁的时机入室，将放在明处的手机迅速盗走，作案屡屡得手。

（3）基本急救能力培养。学校的安全教育应顺应形势，在学生中开展基本急救能力培养，安全教育部门可以通过观看视频、专业人员现场演示等方式教会学生例如人工呼吸、心脏起搏等急救措施的具体操作和一些常见化学药品中毒急救等。

2. 国家安全

国家安全工作，是指国家机关为保障和社会政治稳定，推进祖国统一，保卫和促进社会主义现代建设所进行的各类专项工作。学生是祖国未来的中坚力量，在校园开展教育有着重要意义，尤其是在新的国际安全秩序发生演变的形势下，对学生进行教育，使其能够自觉维护和抵御境内外敌对势力渗透。

3. 网络安全

学生几乎人人涉足网络，网络与学生的联系日益紧密，但网络是一把双刃剑，在给学生带来便利的同时，也产生了不少负面危害。主要表现在黄赌毒侵害、上网成瘾、陷入虚幻及反动言论、教唆犯罪及网络诈骗等。针对这些，学校应加强学生的网络安全意识，在学生中提倡文明上网，摈弃不道德、不文明的网上行为，不轻信网络上的各种言论，使学生从心理上构筑起一道抵御反动、黄赌毒的网络"防火墙"。

（三）开展学生心理健康教育

据调查显示，由于学业、就业和情感等缘故，10%到30%的学生存在不同程度的心理问题，并因此引发了一系列如伤人、自虐等事件。这就要求学校在开展安全教育时，应将心理教育放在重要位置，对有心理障碍的学生要设立专门的档案，除了定期进行必要的心理辅导外，还要在平时的生活和学习中对这些学生多加关心，帮助其克服心理障碍。同时，对所有学生都要进行必要的心理安全教育，开设心理健康课堂，举办心理健康知识讲座等，帮助其正确认识，妥善处理学习、生活和工作中遇到的矛盾和问题。同时，学校各相关部门还应紧密协作，在学校形成互助、友爱的氛围，让学生在学校里能够感受到温暖和关爱，在学校树立起积极健康的人生观。

（四）加强学生安全教育实战演练

目前，学校的安全教育往往偏重于空泛说教，学生的安全知识掌握得很好，但面临突发事件时却往往手足无措，有时甚至小祸酿成大灾。《中国青年报》社会调查中心曾对千名学生进行在线调查，结果显示82.9%的学生认为应该进行突发事件的应对演练。学校在安全教育过程中应加入部分实战演练内容，提高学生危机应对能力。例如在学校设立消防日、安全日，在这些日子里，邀请消防、公安的工作人员针对学生的特点设置一些实战课，让学生参与其中，加强实战演练。同时，也可以组织学生进入社区、街道、工矿企业等，听取这些部门的安全教育，在实践中深化理论知识，锻炼实际能力。

综上所述，正确对学生开展安全教育不仅有利于维护社会稳定，创建平安和谐校园，而且对于提高全民的安全防范意识也大有裨益。因此，作为学校安全管理人员，要结合学校实际情况，既要系统地为学生讲授安全知识和技能，同时也要多开展一些丰富多彩、形式多样、学生喜闻乐见的实战演练，切实提高学生的安全防范意识和应急处理能力，树立起科学正确的安全观。

**思政小课堂：**

正确的世界观、人生观和价值观，是保护学生远离危险的思想保障。当代青少年学生成长于新旧体制转换的伟大变革中，在社会秩序多样、价值观念多元化因素的影响下，其正确的思想道德观念的确立较以往任何时候都更为艰难。尤其是学生的世界观、人生观还未成形，尚未适应社会生活，这导致他们的思想存在着许多矛盾和问题，一旦遇到诱惑，就可能会出现违法违纪行为。所以，对学生人生观、世界观的教育应着力解决其思想上对"理论""理想""政治"的轻蔑和错位，帮助学生把握好人生的"航船"，学会用科学理论武装自己，学会与他人正确相处。

## 第二节 学生安全教育时时抓

### 一、学生安全教育的主要内容

（一）法律知识教育

法律知识教育是增强学生法律意识和法治观念的重要途径。对学生开展法律知识教育，应从与学生日常生活密切相关的法律知识入手，如《宪法》《刑法》《教育法》《民法典》《国家安全法》《国防法》《计算机信息网络国际联网安全保护管理办法》等。学校要充分发挥公共基础课、法学专业课以及相关法制教育专题讲座、论坛等作用，坚持课堂教学与社会实践相结合；通过各种法律实践活动来推进法律知识教育，应与公检法执法机关建立共建关系，通过举办讲座、法律知识竞赛、模拟法庭等活动激发学生学习法律知识的热情，对学生进行民主法制教育，增强学生守法自律意识，减少学生违法犯罪行为的发生。

（二）校纪校规教育

校纪校规教育是学生从幼儿园就开始接受的教育，但目前依然存在着突出的问题，这一方面与有的学校管理不严、要求不高有关，另一方面也反映出学生没有认识到纪律的严肃性，没有养成遵守纪律的自觉性。学习校规校纪及法律知识，对学生在学校的安全成长乃至走向社会都是大有裨益的。因此，对学生进行安全教育，必须建立和完善学校教学、生活、管理等各方面的规章制度，把法律和道德规范具体化。自新生一进校，学校就要认真开展以校纪校规为主要内容的入学教育，让学生全面地了解、熟悉校纪校规，特别是涉及日常行为安全的规范。平时，学校也应随时随地进行校纪校规教育，培养学生遵守纪律的自觉性，并对少数严重违反校纪的行为予以严肃处理，以维护正常的教学和生活秩序。

（三）网络安全教育

随着计算机网络技术的飞速发展，利用网络进行的违法犯罪行为日益增多。学生涉及的网络犯罪主要有两种：一种是参与网上的违法犯罪行为；另一种是网上购物或网上交友被骗，其人身、财产安全受到网络违法犯罪行为的侵害。为此，学校首先应加强网络法律知识的教育，通过网络法律知识的学习，使学生认识到在网上哪些行为是非法的，是法律严令禁止的，以免他们由于网络法律知识的欠缺，参与到网络违法犯罪活动中去；其次应加强网络安全教育，使学生懂得如何在网络中保护自己，不要轻信他人，更不要轻易接受他人的邀请，或将自己的相关信息告知他人，避免上当受骗。

（四）心理健康教育

由于社会压力大、生活节奏加快，尤其是学习压力、经济压力、就业压力以及家庭环境和个人经历等诸多原因，一些学生产生心理问题。大量的研究统计表明，相当一部分学生心理上存在不良反应和适应障碍，心理障碍的发生率呈上升趋势，表现形式为焦虑、恐惧、忧郁、冷漠、偏执、暴躁、消沉等，情绪色彩和偏激行为十分强烈。因此，学校要特别重视学生的心理安全教育，培养学生健康的心态；要有针对性地进行人际关系教育、环境适应教育、健康人格教育、心理卫生知识教育、挫折应对教育以及心理疾病防治教育；把安全教育与心理咨询有机结合起来，有目的、有针对性地做好安全防范教育，使学生安全教育迈上新的台阶。这对优化学生的心理素质、预防心理问题产生、促进健康人格的全面发展与完善，有着十分重要的作用。

## 二、加强学生安全教育的必要性

（一）开展学生安全教育是依法治校依法治国的需要

从以往学校发生的各类安全事件来看，学生一方面容易成为伤害案件中的被侵主体——受害者，另一方面也可能会成为伤害案件中的施害主体——施害者。在实施学生安全教育中，不仅要培养学生的安全知识和技能，提高其安全防范意识，还需要培养学生安全责任观，使他们认识到自己的不当行为会对家庭、对学校、对社会产生负面影响。学生是学校的主体，是国家的未来建设者，要实现依法治校、依法治国，必须从学生安全教育入手。

（二）开展学生安全教育是维护学校安全稳定的需要

创建平安和谐校园离不开校园主体，校园主体对平安校园的建设起着决定性作用。

学生是校园主体的重要组成部分，而学生安全防范意识的强弱、逃生自救技能的高低以及安全责任素质的优劣，直接影响着校园治安秩序的好坏，关系着校园和谐稳定与否。因此，加强学生安全教育是维护学校安全稳定的必然要求。

（三）开展学生安全教育是学校开放办学模式的需要

随着教育改革的不断深化、办学理念的不断转变，校园与社会融合进一步得到加深。尤其是后勤服务社会化使得学校人员结构更为复杂，校园中潜藏着许多不安全因素，被盗、被伤害等案件有随时发生的可能，给在校学生的学习、生活带来了很多不利的影响。因此，要提高学生安全防范意识，就必须加强学生安全教育。

（四）开展学生安全教育是现代素质教育的需要

在如今校园安全事件频发的大环境下，缺乏安全责任、缺少安全知识、无安全防范意识、不具备逃生自救技能，已不符合"全面发展"教育理念。当前学生从小受到家庭的宠爱，普遍形成了较强的唯我独尊意识与较弱的社会协调能力、较强的参与意识与较弱的承受挫折能力、较强的自我意识与较弱的自我保护能力的反差。加强对学生的安全教育，提高他们适应环境、发现和解决问题的能力，已成为学生素质教育的重要方面。

> **思政小课堂：**
> 过硬的安全防范技能，是学生抵御各种危险的最终屏障。对于学生防范各种危险来说，仅具有安全意识仍显不足。安全教育的最终目的是"使受教育者在突发状态下，具备应急、应变能力，安全防范、防卫能力以及法治观念，健康心理状态和抵御违法犯罪能力。"上述能力的培养，是一个实践性很强的过程。教育者可采用案例教学等方式，让学生亲身体验在不同"危险状况"下，如何进行正确操作，采取及时措施，防范危险。此外，教育者应着力通过训练，使学生具备一定的自卫技能，以防范可能发生的暴力危险，最大限度地降低危害。

## 第三节 培养安全意识，提高防范能力

### 一、培养学生的安全意识

（一）应对人际交往的自我保护意识

人际交往是学生身心发展的需要。对于新入学的学生来说，校园是一个全新的生活环境。远离了父母、远离了昔日的老师和同学，来到一个完全陌生的生活环境，这使他们既怀念昔日的亲情、友谊，又渴望新的友谊。这种特殊的生活环境增加了学生对人际交往的需求。而在人际交往的过程当中，学生应加强自我保护意识。自我保护意识是指：一方面对他人要真诚，要自尊、自爱；另一方面要认识清楚所交往对象的真实情况，切勿因一时的好奇心或义气之说而完全袒露自己。好奇心和金钱一样，是永远

培养学生的安全意识

得不到满足的。

（二）面对突发事件的应变意识

突发事件一般是指难以预料、突然发生、关系安危的超出常规的特殊情况，具有不可预测性和重大危险性。从非典疫情到H7N9禽流感，从北大、清华"2·25"爆炸案到上海商学院4名女生火灾跳楼身亡……作为一名新时代的青少年应该具备应对突发事件、避开危险的安全意识。

（三）应对挫折的心理安全意识

心理安全已成为全世界关注的话题。学生的心理问题已越来越多地影响到他们的生活与学习，有的甚至影响到生命和财产安全。从某种意义上来说，挫折是学生进步的动力，也是意志薄弱者的最大敌人。学生在学习、生活、交友等方面均不可避免地会遇到各种各样的挫折。因此，学生要培养应对挫折的心理安全意识。

（四）应对灾难的自救互救意识

2008年的"5·12"汶川大地震给全世界人民留下了惨痛的教训——在重大灾难面前，人们无计可施。但是良好的自救互救意识和正确的逃生方法却能给人带来安全。例如，四川安县桑枣中学从2005年开始，每学期都要在全校组织一次紧急疏散演习。在这次地震中，全校师生（包括2200多名学生、上百名教师）仅用时1分36秒，从不同的教学楼和不同的教室中，全部冲到操场，以班级为组织站好，从而避免了人员的伤亡，也创造了"5·12"汶川大地震中的一个奇迹。

（五）法律意识

有些学生买东西不要发票、找工作被人欺骗，这些都是法律意识缺乏、维权意识差的表现。作为21世纪的青少年，应该加强法律意识的培养，做一个知法守法的公民，当自己的合法权益受到侵害时，懂得如何用法律来保护自己。

除了培养学生的安全意识外，还要注意培养其安全防范意识、对社会治安形势和校园安全状况的认知意识及自我管理的自律意识等。

## 二、掌握安全知识与技能

（一）公共场所安全防范

（1）在操场、食堂、教室、阅览室、实验室、办公室等场所要注意保管好随身携带的物品；短暂离开时，要将贵重物品带走。

（2）请不要把手机、笔记本电脑等贵重物品及大额现金放在书包内，不要用书包占位。

（3）发现物品丢失或可疑人员时要及时与场所管理人员联系，并报告保卫处。

（4）请自觉遵守公共场所有关管理规定，共同维护公共场所正常秩序。

（二）宿舍安全防范

（1）养成随手锁门（上保险）、关窗的良好习惯。

（2）注意保管好自己的钥匙，不要随便借给他人或乱丢乱放。

（3）不要擅自留宿外来人员，发现可疑人员应提高警惕，及时报告。

（4）妥善保管各类贵重物品，尤其是笔记本电脑，须上锁存放。

（5）大额现金应及时存入银行。密码不要用生日等易被他人破解的数字。存折丢失应及时挂失。

（6）不要点燃蜡烛或使用明火。

（7）不要使用伪劣电器和大功率灯具、热得快、电热毯、电饭煲等电器。

（8）不要在宿舍焚烧物品，不要存放汽油、酒精、丙酮等易燃易爆物品和有毒、有害、放射性危险品。

（9）不要在宿舍私拉乱接电源。

（10）不要随意动用消防设施。

（三）防火安全

（1）在教室、实验室、宿舍等处学习、工作和生活时，应严格遵守安全管理规定和操作规程。

（2）不要私拉乱接电源和违章使用电器，不要携带火种（含吸烟）到周边山林。

（3）熟悉日常学习、工作和生活场所的消防安全出口、逃生线路等情况。

（4）发现火情初起时保持镇定，不要惊慌，应及时寻求帮助，酌情选择灭火器、水或以扑打、窒息等方法将其扑灭。

（5）发生火灾立即报"119"火警和学校保卫处。

（6）扑救火灾应注意切断电源，转移易燃易爆危险品。

（7）火灾逃生须牢记十要诀：熟悉环境，迅速撤离，毛巾保护，通道疏散，低层跳离，绳索滑行，借助器材，暂时避难，标志引导，避免踩踏。

（四）防骗

（1）提高防范意识，学会自我保护，不要将亲朋好友的姓名、电话号码等信息告诉陌生人。

（2）交际须谨慎，不贪图便宜，不轻信花言巧语。

（3）求职就业时谨防落入"传销"陷阱，慎重对待网络、手机传销等信息。

（4）发现上当受骗应及时报案。

（五）防性骚扰、性侵害

（1）筑起思想防线，提高识别能力。

（2）个人品行端正，反对性骚扰的态度坚决。

（3）性骚扰、性侵害一般都有其发案的规律性，应尽量规避易受侵害的时间和场所（如夜晚僻静的山林处）。女同学外出应结伴而行。

（4）学会用法律保护自己，相信和依靠组织。

（5）掌握必要的防身技能，提高自我防范的有效性。

**课堂故事**

刘某在某校任教期间，多次以"关心"学生学习为由，在教室和办公室里对多名女学生进行猥亵，并对其中一名女生实施奸淫。案发后，检察机关积极介入，针对校园内性侵案件取证难的特点，引导侦查取证，并注重对被害人隐私权保护。最终，刘某以强奸罪、猥亵儿童罪被判处有期徒刑17年。办案同时，检察机关坚持学生利益最大化原则，从保护未成年人被害人身心健康出发，对被害人开展心理干预，并帮助有转学意愿的学生协调转学事宜，最大限度地降低被害人心理伤害。

### （六）防抢劫

（1）尽量避免单独去人迹稀少的场所。

（2）不要独自到银行、邮局等处领取大宗现金。

（3）携带贵重物品或大宗现金出行，要提高警惕，注意观察周围情况。

（4）临危不惧、随机应变，沉着冷静地进行应对。

（5）与作案人巧妙周旋，伺机大声呼救。

（6）当无法抗衡时，要向有人、有灯光的地方奔跑。

（7）注意观察作案人，尽量准确地记住其主要特征，并注意其逃跑方向。

### （七）网络安全

（1）校园网用户应当遵守有关法规的规定，不得制作、复制、发布、传播含有下列内容的信息：①违反宪法所确定的基本原则。②危害国家安全，泄露国家秘密，颠覆国家政权，破坏国家统一。③损害国家荣誉和利益。④煽动民族仇恨、民族歧视，破坏民族团结。⑤破坏国家宗教政策，宣扬邪教和封建迷信。⑥散布淫秽、色情、赌博、暴力、凶杀、恐怖等信息或教唆犯罪。⑦侮辱或者诽谤他人，侵害他人合法权益。⑧含有法律、行政法规禁止的其他内容。

（2）遵守网络道德，做文明守法网民。

（3）网络交友须谨慎，要增强防范意识，防止上当受骗。

（4）加强技术保护措施，预防病毒侵入，并注意做好重要资料的备份保管工作。

**知识链接**

#### 维护校园的和谐与稳定势在必行

随着世界经济一体化、信息化进程的加快，我国社会转型中的各种社会问题逐渐显现，带来前所未有的文明冲突和文化碰撞，历史与现实、传统与现代、本土文化与西方文明多重因素交织在一起，使学生产生诸多困惑。学校思想政治教育工作和稳定工作也面临一系列新情况、新问题。

学校的稳定，不仅关系到学校生存、发展和建设，而且关系到国家的政治稳定、社会的长治久安和经济的持续快速发展。学校和学生都必须加强对维护学校稳定知识的积累，积极维护校园稳定。

校园环境与社会环境是相互影响、相互制约的矛盾统一体，构建和谐校园是构建社会主义和谐社会的重要组成部分，因此，考察校园的安全稳定必须将其同社会的安全稳定紧密联系起来。

校园环境既是社会环境的局部表现，又在很大程度上影响着社会环境。和谐的校园环境不仅有利于学生身心健康发展，也有利于社会主义和谐社会的建设。反之，校园环境的不安定也会给社会的稳定带来负面的影响。同样，社会环境的变化也在深刻影响着校园环境的变化。当前社会处在各方面高速发展的时期，人民生活水平不断提高，社会矛盾不断缓和，社会各方面的不安全因素也进入相对稳定的时期。因此，校园中虽存在许多安全隐患，但处在相对稳定和谐的社会大环境之中，其总体表现也是相对稳定和谐的。

第二章　——国家安全——

开篇导读

　　国家安全是指国家政权、主权、统一和领土完整、人民福祉、经济社会可持续发展和国家其他重大利益相对处于没有危险和不受内外威胁的状态，以及保障持续安全状态的能力。国家安全是安邦定国的重要基石，是国家生存发展的基本前提，关乎国家核心利益。维护国家安全是全国各族人民根本利益所在。

　　黄宇，生于1974年7月28日，四川省自贡市人，计算机专业，曾在某涉密科研单位工作。他从2002年开始，向境外间谍机关提供15万余份资料，其中绝密级国家秘密90项，机密级国家秘密292项，秘密级国家秘密1674项，对我国党、政、军、金融等多个部门的密码通信安全造成难以估量的损失。

　　黄宇从一个普通小职员，变身成为大间谍，犯下不可饶恕的罪行，那么这一切究竟是怎么发生的呢？

　　1997年7月，23岁的黄宇毕业后进入一家涉密科研机构工作，于2004年离职。善交际、贪玩、爱慕虚荣、不守规矩，是很多同事对黄宇的印象。由于能力不足，加上工作态度不端正，5年中他换了三个部门，而且业绩始终靠后。按照单位末位淘汰制的规定，黄宇将被解职。他所在的单位承担了我国相关密码的研发工作，具有高度保密性。黄宇对自己被解职心怀不满，竟然将国家机密出卖给境外间谍组织。

　　以手中私自留存的保密资料为筹码，黄宇与某境外间谍组织搭上了关系，2002年的一天，黄宇在网上向该间谍组织发了一段留言。很快，黄宇便收到了对方的答复：收到你给我们的留言，请于2002年6月某日到东南亚某国酒店大堂。黄宇如约而至，他将3份保存在U盘的有关军事机密的电子文档拷贝给了对方。双方约定，第二天原地再见。再次见面时，对方表示黄宇提供的资料非常有价值，希望进一步合作，每月工资5000美元，还当场支付了1万美元奖金。

　　在金钱的诱惑下，黄宇成了一名为境外间谍组织效力的间谍。他还表示，愿意为对方至少工作五年。此后，黄宇对外谎称自己在一家深圳公司驻四川办事处工作，要经常到国外开会，以此掩护自己的间谍身份。就在第一次出卖情报三个月之后，黄宇又和境外间谍组织约定好，在香港进行第二次会面。

　　这一次，黄宇带去了更多、更新的涉密资料，也换来了更多的金钱。

　　2003年1月，黄宇和对方在东南亚某国进行了第三次见面。对方一共来了5个人，可见对黄宇的重视。他们对黄宇进行了全方位的间谍培训。在后来的几年里，黄宇以每年至少出国两次的频率，陆续将窃取的机密出卖给了境外间谍组织。

　　钱越来越多，黄宇也开始了花天酒地的生活。为了笼络关系，掩盖自己的间谍行为，他还利用外国间谍组织提供的经费邀请过去的同事、亲友免费到东南亚、港澳等地旅游、赌博。不过，每一次出游黄宇都会神神秘秘地单独行动一两天。原来，他是用旅游做幌子，而真正目的是和境外间谍组织会面。

　　黄宇知道自己的价值就在于不断向境外间谍机关提供秘密情报，但是离职时的存货已经基本没有了。他迫切需要寻找新的秘源。原同事闻某，成了他的目标。

　　黄宇前后三次试图策反闻某，但都遭到拒绝。不过，令人失望的是，闻某并没有及时向上级领导汇报这件事，而是选择了明哲保身。于是，饥不择食的黄宇又把手伸向了自己的妻子唐某。唐某在另一家涉密单位工作，与黄宇同属一个系统，是一名资料管理员，因此经常接触涉密材料。黄宇提醒妻子要把资料备份。

终于有一天趁妻子不在家，黄宇找到了动手的机会，复制了资料光盘。

成功得手后，黄宇并未善罢甘休。很快，他的姐夫谭某也成为他的猎物。谭某在黄宇原单位供职，担任总工程师。他习惯将单位的资料拷贝到笔记本电脑上，带回家留作备份，这让黄宇觊觎已久。终于，有一天谭某家中的电脑坏了，叫黄宇前来帮忙修理。黄宇趁姐夫不备，用间谍U盘偷偷拷贝了电脑里的保密文档。

在向亲属下手后，黄宇仍不满足，他利用在原单位的关系，窃取原同事电脑上的资料，向好友郑某等人打探科研单位动态消息，并利用他窃取科研单位内部刊物。而所有这些材料，最后都被黄宇卖给了境外间谍机关。黄宇很清楚出卖国家机密的后果，所以情报出卖得越多，他心理压力越大，惶惶不可终日。

黄宇的间谍活动伪装得十分巧妙，不过终究会留下犯罪的蛛丝马迹。四川省和成都市国家安全机关掌握了黄宇的犯罪证据。2011年的一天，国家安全机关决定对黄宇实施抓捕。

抓捕黄宇之后，国家安全机关立刻对他家进行搜查，结果发现了大量作案证据。护照上这些密密麻麻的海关印章，记录下了黄宇出境的详细时间与地点，其中21次都是为了与境外间谍组织见面，出卖国家机密并领取经费。

对于犯罪事实，黄宇供认不讳。依据我国《中华人民共和国刑法》第110条和第113条的规定，参加间谍组织或者接受间谍组织及其代理人任务，从事间谍活动，危害国家安全的，处十年以上有期徒刑或者无期徒刑；对国家和人民危害特别严重，情节特别恶劣的，可以判处死刑。最终，黄宇因"间谍罪"被依法判处死刑，剥夺政治权利终身，并收缴间谍经费。对于这样的结果，黄宇追悔莫及。

## 情境点评

黄宇间谍案不仅让人们看到了他个人的犯罪轨迹，也暴露出我国一些涉密单位在保密制度、措施、思想建设等许多方面的漏洞。黄宇间谍案告破后，他原来就职的单位有29人受到不同程度的处分。黄宇的妻子唐某、姐夫谭某也因"过失泄露国家机密罪"被分别判处五年、三年有期徒刑。

黄宇为了泄私愤和满足物质上的欲望，竟然主动向外国间谍机构出卖国家机密，最终被判处死刑。黄宇愚蠢而疯狂的行为，不仅葬送了自己年轻的生命，也毁掉了一个家庭，他的妻子、姐夫也成为罪犯，五岁的儿子将留下无法磨灭的心理阴影，可谓人间悲剧。更令人无法原谅的是，他让国家多个重要部门造成难以衡量的巨大损失，对国家安全构成严重威胁。黄宇间谍案也再次向各个涉密单位敲响警钟，必须严格遵守保密纪律，强化保密措施，堵塞漏洞，防微杜渐，筑牢维护国家安全利益的坚强防线。

# 第一节　国家安全概述

## 一、国家安全的重要性

### （一）国家安全直接关乎国家主权独立和领土完整

国家安全是指关乎国家兴衰存亡的大事，包括国家政权和制度的安全、主权受到尊重、领土完整得到维护等。因此，国家安全直接关乎国家主权独立和领土完整。

1. 我国国家安全的新形势

随着经济全球化和科技革命的深入发展，国际安全形势发生深刻的变化。和平与发展仍是当今时代的两大主题，但威胁世界和平安宁的因素越发凸显。传统安全和非传统安全相互交织，国与国之间的利益战争并没有完全消失，地区冲突与局部矛盾仍然存在，恐怖主义、民族宗教与冲突、金融动荡等一系列问题还在蔓延，给世界安全稳定造成了巨大的威胁。

作为亚太地区的区域性大国，中国也面临着国际国内一些不和谐、不稳定因素，这给我国的国家安全带来严重的威胁。国际上，霸权主义和强权政治依然是威胁世界和平稳定的主要因素。美国为首的西方大国在国际事务中占据着霸主地位，依仗自己强大的经济实力，肆意干涉我国内政，甚至插手我国领土争端问题，严重损害我国的国家利益。在台湾问题上，美国一直横加干涉，给台湾问题的解决设置重重障碍。西藏事务纯属中国内政，美国却无视中国的反对，允许达赖窜访美国并安排最高领导人会见，严重违背了国际关系的基本原则，阻碍中国的统一。在东海问题上，美国坚持单边主义，承认美日安保条约，助长了日本在钓鱼岛问题上的嚣张气焰，严重侵犯了我国的主权。现阶段，美国正利用一切机会挑拨我国和东南亚国家的关系，在南海问题上公然支持越南和菲律宾，以"亚太常驻大国"的身份挤进东亚峰会，扬言要在亚洲发挥领导作用。这些都给我国的国家安全带来一定的威胁。

在当前意识形态领域，以美国为首的西方大国凭借其强大的经济实力加强对其他一些发展中国家进行思想文化渗透，大大冲击着社会主义国家的意识形态。同时，随着经济全球化趋势的到来，世界各国联系越来越紧密，气候变化、环境污染、毒品走私、恐怖袭击、疾病传播、信息入侵等非传统安全已经或正在对世界发展和人类生存构成严重威胁，有的危害甚至超过战争。

特别是随着我国经济的发展，我国国际地位逐步提高，美国等西方大国害怕我国的发展和崛起威胁到其在世界的霸权地位，被迫调整对华政策，遏制我国的发展，甚至抛出"中国威胁论"，把矛头直指我国，这给我国的国家安全提出了严峻的挑战。因此，党的十八大以来，以习近平同志为核心的党中央领导集体深刻把握国际安全的客观形势和特征，提出总体国家安全观。

### 2. 国家主权独立和领土完整不容侵犯

国家安全是国家主权独立和领土完整以及人民生命财产不被外来势力侵犯的重要基石。它关乎人民的福祉，关乎民族未来和发展大计。自觉维护国家安全、国家主权和领土完整不受侵犯，是每个公民应尽的责任和义务。

当前，我国正处在全面建成小康社会、全面深化改革、全面依法治国、全面从严治党的关键时期，尽管发展仍处于大有作为的重要战略机遇期，但风险与挑战总是并存，安全与威胁总是如影相随，各种可以预见和难以预见的风险因素明显增多。这些都给我们维护国家安全和社会稳定增加了难度，也就需要我们更好地统筹国家安全资源，通过强化底线思维和法治思维，有效防范、处理国家安全风险，有力应对、处置、化解影响社会安定的挑战。

---

**📖 课堂故事**

2014年9月17日，乌鲁木齐市中级人民法院依法公开开庭审理了原中央民族大学经济学院讲师伊力哈木·土赫提涉嫌犯分裂国家罪一案。

经审理查明，被告人伊力哈木·土赫提利用其中央民族大学老师身份，以"维吾尔在线"网站为平台，传播民族分裂思想，大肆污蔑攻击我国民族宗教政策。

伊力哈木·土赫提杜撰社会问卷调查报告，以虚假数据伪造支持新疆独立和高度自治的虚假民意，大肆污蔑攻击我国民族宗教政策；通过授课活动传播民族分裂思想，蛊惑、拉拢、胁迫部分少数民族学生加入该网站；与境外有关机构和个人相勾连，恶意杜撰、歪曲事实真相，炒作涉疆问题，攻击国家和政府，煽动民族仇视，鼓动维吾尔族群众对抗政府，为暴力恐怖活动制造借口，图谋使新疆问题国际化，以实现分裂国家的目的。

新疆维吾尔自治区乌鲁木齐市中级人民法院2014年9月23日对伊力哈木·土赫提分裂国家案做出一审判决，以分裂国家罪判处被告人伊力哈木·土赫提无期徒刑，剥夺政治权利终身，并处没收个人全部财产。

国家的主权、安全和领土完整，对每一个国家来说都属于利益核心。维护国家的主权、安全和领土完整，是联合国宪章等一系列国际文件确认的当代国际关系基本准则。

伟大祖国是各族人民的共同家园，维护国家统一、反对分裂国家，是中华民族的核心价值追求，是全国各族人民的基本文化认同，是中国社会的普遍社会意识。从北京奥运会用自己的身躯保护圣火传递、同"藏独"分子作斗争的残疾小姑娘金晶，到加拿大留学生自发抵制分裂分子到校的演讲，这些中华儿女都用自己的行动表明了对试图分裂祖国这种行为的斗争。对涉及维护统一、反对分裂这个大是大非的原则问题，全国各族人民绝不含糊，从不退让。民族分裂组织是分裂祖国的邪恶势力，境内外敌对势力总是把分裂中国的希望寄托在破坏中华民族团结上，不断变换花样进行分裂活动。在中国共产党的领导下，全国各族人民与各种分裂组织进行了坚决斗争，巩固发展了国家统一事业。

中国政法大学教授、博导阮齐林认为，此案带来的重要法律启示是言论自由有法律边线："我们知道表达自由或者言论自由是公民的一项基本权利，也是宪法赋予的权利，但是言论自由有法律边线，有底线、红线，即不能煽动暴力，不能煽动民族仇恨，这是国际社会文明的准则。挑动一个种族去仇恨、歧视、灭绝一个种族，在人类历史上有惨痛教训，特别典型的是二战时期纳粹对犹太人实施的种族灭族行为，就是由煽动种族之间仇恨、民族之间仇恨来的，给人类带来灾难性的后果，所以联合国公约禁止这样的行为，国际条约惩罚这样的行为，各国国内法也把这种行为定为犯罪。言论涉及这些问题都是不可饶恕的，必须依法严惩。"

### （二）国家安全与人民生活息息相关

自国家产生始，国家安全就成为国家领导者和民众所关注的首要问题。国家安全是国家生存和发展的基石，没有安全就不会有真正的生存权，没有安全就谈不上稳定和发展，谋求国家安全应该是一个国家追求的永恒目标。党的十九大报告指出，坚持总体国家安全观，必须坚持国家利益至上，以人民安全为宗旨，以政治安全为根本。这就意味着，人民安全是国家安全的根本目的和坚实基础。国家越安全，人民就越有安全感；人民越有安全意识，国家安全也就越有依靠。

在2016年4月15日首个全民国家安全教育日到来之际，习近平主席曾作出重要指示：国泰民安是人民群众最基本、最普遍的愿望。实现中华民族伟大复兴的中国梦，保证人民安居乐业、国家安全是头等大事。自古以来，我国一直将"保障人民安全，维护人民利益"作为国家发展的价值导向，尤其是在对于国家安全主要构成要素不同的地位和关系进行分析和研读的过程中，始终将以人为本的原则作为基准的目标导向，这充分展现了我国全心全意为人民服务的社会主义精神。这一过程也是我国国家安全观的底线思维的彰显，要守好底线，保障我国人民安全，不断提升我国人民群众的幸福感和安全感，才能为有效保障我国长治久安、增强我国国家安全提供不竭的动力和坚实的群众基础。与此同时，在总体国家安全观制定与发展的过程中，我国一直秉承一切权力属于人民的至高规范和价值理念，致力于维护人民大众的安全，在充分发扬当代民主政治精神的同时，对于保障国民安全和人民安全作出了重要论述，有效维护了我国人民利益与安全、安康与幸福。

国家安全、社会稳定，人民群众才能安居乐业，才会有更多的获得感、幸福感。当前，面对波谲云诡的国际形势、复杂敏感的周边环境、艰巨繁重的改革发展稳定任务，各种可以预见和难以预见的风险因素日趋增多，维护国家安全和社会稳定的任务更加繁重。

### （三）国家安全是社会稳定、长治久安的基石

面对新形势新挑战，维护国家安全和社会安定，对全面深化改革、实现"两个一百年"奋斗目标、实现中华民族伟大复兴的中国梦都十分紧要。

改革开放以来，我们党始终高度重视正确处理改革发展稳定关系，始终把维护国家

安全和社会安定作为党和国家的一项基础性工作，保持了我国社会大局稳定，为改革开放和社会主义现代化建设营造了良好环境。同时，我们必须清醒地看到，新形势下我国国家安全和社会安定面临的威胁和挑战增多，特别是各种威胁和挑战联动效应明显。我们必须保持清醒头脑、强化底线思维，有效防范、管理、处理国家安全风险，有力应对、处置、化解社会安定挑战。

国家安全是社会稳定、长治久安的基石，维护国家安全，必须做好维护社会和谐稳定工作，做好预防化解社会矛盾工作，从制度、机制、政策、工作上积极推动社会矛盾预防化解工作；要增强发展的全面性、协调性、可持续性，加强保障和改善民生工作，从源头上预防和减少社会矛盾的产生；要以促进社会公平正义、增进人民福祉为出发点和落脚点，加大协调各方面利益关系的力度，推动发展成果更多更公平惠及全体人民；要完善和落实维护群众合法权益的体制机制，完善和落实社会稳定风险评估机制，预防和减少利益冲突；要全面推进依法治国，更好维护人民群众合法权益；对各类社会矛盾，要引导群众通过法律程序、运用法律手段解决，推动形成办事依法、遇事找法、解决问题用法、化解矛盾靠法的良好环境。

（四）国家安全是实现中华民族伟大复兴的中国梦的重要前提

实现中华民族伟大复兴的中国梦，是中国共产党肩负的神圣历史使命，是国家和民族的最高利益。在十二届全国人大一次会议解放军代表团会议上，习近平主席郑重宣告："建设一支听党指挥、能打胜仗、作风优良的人民军队，是党在新形势下的强军目标。"鲜明标定了强军梦在中国梦中的地位作用，这一点也说明了国家安全在实现中华民族伟大复兴的中国梦中的重要作用。

和平是世界各国人民的永恒梦想，发展是解决一切问题的总钥匙。当前，经济全球化和社会信息化正让地球变得越来越小，国与国之间的联系越来越紧密，日益形成你中有我、我中有你的利益格局。坚持和平发展道路，实现中华民族伟大复兴，离不开世界和平和地区稳定。为促进世界和平与发展提供战略支撑，积极服务构建人类命运共同体是实现中华民族伟大复兴的必要条件，也是新时代人民军队使命任务的世界意义。

## 二、总体国家安全观

2014年4月15日上午，习近平总书记在主持召开中央国家安全委员会第一次会议时强调，坚持总体国家安全观，走出一条中国特色国家安全道路。构建集政治安全、国土安全、军事安全、经济安全、文化安全、社会安全、科技安全、信息安全、生态安全、资源安全、核安全等于一体的国家安全体系。

总体国家安全观
的特点

（一）总体国家安全观的特点

国家安全是指国家政权、主权、统一和领土完整、人民福祉、经济社会可持续发展和国家其他重大利益相对处于没有危险和不受内外威胁的状态，以及保障持续安全状态的能力。

### 1. 五大要素

总体国家安全观的五大要素是以人民安全为宗旨，以政治安全为根本，以经济安全为基础，以军事、科技、文化、社会安全为保障，以促进国际安全为依托，走出一条中国特色国家安全道路。

### 2. 五对关系

总体国家安全观强调：既重视发展问题，又重视安全问题；既重视外部安全，又重视内部安全；既重视国土安全，又重视国民安全；既重视传统安全，又重视非传统安全；既重视自身安全，又重视共同安全。

这是唯物辩证法在国家安全领域的最新实践，突破了过去"安全观"只强调国际安全忽视国内安全的局限，将内部安全与外部安全、传统安全与非传统安全统一于国家安全，将自身安全与共同安全紧密联系起来，更加完整、全面地认识国家安全。内部安全要始终坚定维护国家的核心利益，科学系统地分析应对国内存在的各种安全问题，关键是要坚定维护政治安全；要以维护政治安全为根本，坚定中国特色社会主义的道路自信、理论自信、制度自信、文化自信，为各项事业的发展提供和平稳定的国内环境。外部安全要随着全球一体化程度不断加深，各国利益相互交织，相互依存度不断提高，国内问题国际化和国际问题国内化已成普遍趋势，一方面单凭一己之力解决所有安全问题已不可能，另一方面国内安全、国际安全、全球安全问题相互交叉，别国的安全问题或国际安全问题随时可能影响本国安全。目前，传统安全威胁与非传统安全威胁相互交织，只有将传统安全与非传统安全统一于国家安全、社会稳定，借助军事、经济、科技、文化等多种手段，才能综合保障国家的安全。

### （二）落实总体国家安全观是每个公民的法定义务

国家安全与每一位公民息息相关，在当前新形势下，维护国家安全，落实总体国家安全观，是每个公民的法定义务。做好新时代国家安全工作，是一项重要而复杂的任务，要从战略高度分析和处理各种形式的安全问题，着力培养斗争精神、增强斗争本领，切实维护好重点领域的国家安全，妥善防范和化解国家发展面临的各种重大风险挑战，以时不我待的责任感、紧迫感履行好维护国家安全的神圣使命。

### 1. 党的集中统一领导

总体国家安全观是党的十八大以来以习近平同志为核心的党中央立足新的时代特点对国家安全理论的重大创新。面对新形势新挑战，维护国家安全在党和国家工作全局中的重要性日益凸显。习近平总书记指出："统筹发展和安全，增强忧患意识，做到居安思危，是我们党治国理政的一个重大原则。"我们党要巩固执政地位，要团结带领人民坚持和发展中国特色社会主义，保证国家安全是头等大事。他特别提醒全党，今后一个时期，可能是我国发展面临的各方面风险不断积累甚至集中显露的时期。面临的重大风险，既包括国内的经济、政治、意识形态、社会风险以及来自自然界的风险，也包括国际经济、政治、军事风险等。我们必须把防风险摆在突出位置，"图之于未萌，虑之于未有"，力争不出现重大风险或在出现重大风险时扛得住、过得去，确保党和国家各项工作顺利推进。

2. 人民安全为宗旨、国家利益至上、坚持共同安全

习近平总书记围绕贯彻落实总体国家安全观发表一系列重要论述，对这一思想的丰富内涵进行了深刻阐述。在党的十九大上，总体国家安全观的思想得到进一步升华，成为习近平新时代中国特色社会主义思想的重要内容。报告指出："坚持总体国家安全观，必须坚持国家利益至上，以人民安全为宗旨，以政治安全为根本，统筹外部安全和内部安全、国土安全和国民安全、传统安全和非传统安全、自身安全和共同安全，完善国家安全制度体系，加强国家安全能力建设，坚决维护国家主权、安全、发展利益。"

3. 加强国家安全人民防线建设

维护国家安全是头等大事，必须动员全党全社会共同努力，特别要强化维护国家安全责任，做到守土有责、守土负责。

（1）国家安全人民防线的含义。国家安全人民防线，是指在对外开放的形势下，为保卫国家的安全和利益，维护国家的稳定，在各级党委、政府的领导下，通过动员、组织有关社会力量，与专门机关配合，形成防范和打击间谍情报机关和其他敌对势力的渗透、颠覆、分裂和破坏活动的综合防卫体系。

（2）建设国家安全人民防线的意义。①国家安全是安邦定国的基石。②国家安全工作是党和国家的重要事业，也是全中国人民的重要事业。

（3）具体工作。①加强对局机关各股室及各级各类学校国安联络员的安全保密教育工作，确保新形势下对敌斗争的顺利开展。②结合社会治安综合治理和"六五"普法工作，抓好抓实国家安全人民防线工作，维护内部安全稳定。③努力做好情况信息的搜集工作。④高度关注境内外各种敌对势力、宗教组织、"慈善"机构、有复杂背景的境外非政府组织以捐资助学、公务考察等名义，对我教育系统进行的渗透、策反、窃密、颠覆、破坏等活动。

（三）总体国家安全观的重大意义

总体国家安全观的提出，充分体现了我们党对国家安全基本规律的把握，是对国家安全理论的重大创新，是新形势下指导国家安全实践的强大思想武器。认真学习和贯彻落实总体国家安全观这一重要战略思想，对于应对国际国内各种安全风险挑战、维护国家利益、做好国家安全工作，具有重大而深远的意义。

1. 坚持总体国家安全观是新时代坚持和发展中国特色社会主义的必然要求

坚持和发展中国特色社会主义，保证国家安全是头等大事。中国特色社会主义是改革开放以来党的全部理论和实践的鲜明主题。党的十八大以来，以习近平同志为核心的党中央一以贯之坚持和发展中国特色社会主义，以实现中华民族伟大复兴为历史使命，统筹国内国际两个大局，统筹发展安全两件大事，举旗定向，谋篇布局，迎难而上，开拓进取，国家安全全面加强，为推动党和国家事业取得历史性成就、发生历史性变革提供了坚强保障，中国特色社会主义进入新时代。

新时代踏上新征程。中国特色社会主义进入新时代，迎来了从站起来、富起来到强

起来的伟大飞跃，迎来了实现中华民族伟大复兴的光明前景。但中华民族伟大复兴绝不是轻轻松松、敲锣打鼓就能实现的。这要求我们付出更为艰巨、更为艰苦的努力，一以贯之增强忧患意识，做到居安思危、知危图安，越是取得成绩的时候，越是要有如履薄冰的谨慎，越是不能犯战略性、颠覆性的错误。

新时代提出新答卷。习近平总书记指出："时代是出卷人，我们是答卷人，人民是阅卷人。"确保我们党永不变质，确保红色江山永不变色，确保人民日益增长的美好生活需要不断满足，确保历史机遇不失之交臂，确保中华民族伟大复兴进程不被滞缓打断，既是全体中国人民的共同心愿，也是新时代提出的根本要求。面对波谲云诡的国际形势、复杂敏感的周边环境、艰巨繁重的改革发展稳定任务和向第二个百年进军的目标要求，必须深刻认识我国社会主要矛盾变化是关系全局的历史性变化，把住人民日益增长安全需要的基本面，瞄准不平衡不充分的聚焦点，认清国家安全新形势新任务新要求，立足国际秩序大变局来把握规律，立足防范风险的大前提来统筹，立足我国发展重要战略机遇期大背景来谋划，牢牢掌握维护国家安全的战略主动权，有效应对重大挑战、抵御重大风险、克服重大阻力、解决重大矛盾，进行具有新的历史特点的伟大斗争，交上人民满意的新答卷，书写中国特色社会主义的新篇章。

2. 坚持总体国家安全观是推进新时代国家安全实践的行动纲领

坚持总体国家安全观是路线图、方法论，为推进新时代国家安全实践指明了方向、提出了要求。

（1）坚持党对国家安全工作的绝对领导。坚持党的绝对领导，是做好国家安全工作的根本原则，是维护国家安全和社会安定的根本保证。

（2）健全完善国家安全体系。完善国家安全战略和国家安全政策，健全国家安全保障体制机制，加强国家安全工作组织协调。

（3）增强驾驭风险本领。增强风险防控意识，坚持底线思维，与时俱进地认识和把握各种现实的和潜在的重大风险，守住不发生系统性、颠覆性风险的底线，从最坏处着眼，争取最好的结果。

3. 坚持总体国家安全观为推动构建人类命运共同体提供了重要支撑

安全问题是事关人类前途命运的重大问题，中国国家安全与世界和平稳定休戚相关。当今世界正处于大发展大变革大调整时期，和平、发展、合作、共赢的时代潮流更加强劲，各种风险挑战更加严峻复杂。促进和平与发展，首先要维护安全稳定。建设普遍安全的世界是构建人类命运共同体的基本内涵，也是坚持总体国家安全观的价值取向。坚持总体国家安全观，强调树立共同、综合、合作、可持续的新安全观，坚持自身安全和共同安全相统一，走共同安全道路。这是对传统国家安全观的超越，摒弃了一切形式的冷战思维，打破了弱肉强食的传统逻辑，超越了结盟的传统模式，为建设一个普遍安全的世界提供了中国智慧和中国方案。

安全是平等的。国家不论大小、强弱、贫富以及历史文化传统、社会制度存在多大差异，都要尊重和保障其合理安全关切。各国都有平等参与国际和地区安全事务的权利，也都有维护国际和地区安全的责任。任何国家都不应谋求垄断地区安全事务，侵害其他国家正当权益。安全是双向的、联动的。不能一个国家安全而其他国家不安全，一部分国家安全而另一部分国家不安全，更不能牺牲别国安全谋求自身所谓"绝对安全"。安全是普遍的。面对安全威胁，单打独斗不行，穷兵黩武更不行。各国只有加强合作，统筹维护传统和非传统安全，以合作谋安全、谋稳定，以安全促和平、促发展，以对话协商、互利合作的方式破解难题，才能共同应对安全挑战，才能实现持久安全。

中国始终是国际和地区安全的维护者、建设者、贡献者。坚持和平发展道路，追求本国利益时兼顾各国合理关切，谋求本国发展时促进各国共同发展，维护本国安全时尊重各国安全，无论发展到什么程度，永不称霸、永不扩张。恪守尊重主权独立、领土完整、互不干涉内政等国际关系基本准则，尊重各国自主选择的社会制度和发展道路，坚持以对话解决争端、以协商化解分歧，统筹应对传统和非传统安全威胁，反对一切形式的恐怖主义。坚持共建共享，积极推进全球安全治理。支持联合国等国际组织发挥积极作用，支持其他国家特别是广大发展中国家广泛平等参与全球安全治理，继续发挥负责任大国作用，推动全球安全治理体系朝着更加公平、更加合理、更加有效的方向发展。

## 第二节 树立国家安全意识

国家安全，每一个公民都必须熟知的概念；国家安全，每一个公民都是见证者和参与者。唯有国家安全，才能山河无恙；唯有国家安全，我们才能安享太平盛世。淬炼家国情怀，牢固树立国家安全意识应成为每个公民的"必修课"。始终把祖国安全放在心中，自觉成为国家安全的捍卫者和维护者，国家才会有美好未来。

### 一、确保国家安全必须牢固树立"四个意识"

2015年7月1日，全国人大常委会通过的《中华人民共和国国家安全法》第十四条规定，每年4月15日为全民国家安全教育日。尤其是在新冠病毒危及全球的大背景下，强化国家安全教育委实颇有必要。国家安全关乎国家的长治久安，关乎人民群众的生命安全，容不得丝毫的马虎与懈怠。确保国家安全必须牢固树立"四个意识"。

（一）必须牢固树立"国家兴亡，人人有责"的国家意识

国家国家，没有国哪有家，家是最小国，国是最大家。1840年鸦片战争以来，中华民族惨遭列强蹂躏，帝国列强凭借着坚船利炮打开了中国闭关锁国之门，中国从此陷入半殖民地半封建社会的深渊。帝国列强胁迫腐败无能的清政府签订了一个个丧权辱国的不平等条约，不是割地就是赔款。国家危在旦夕，人民群众处在水深火热之中，过着颠沛流离的生活。一唱雄鸡天下白。1949年中华人民共和国成立，中国人民从此站立起来，一个崭新的中国屹立于世界东方。弱国无外

确保国家安全必须牢固树立四个意识

交，积贫积弱，任人欺负，唯有国家强大才能国泰民安。如今的中国已经是世界巨人，任何国家都不敢对我们小觑。

### （二）必须牢固树立积极应对各种突发事件和灾害的意识

一个国家在其成长进步的过程中，会遇到各种各样的威胁，除了国家之间的战争之外，还会遇到各种自然灾害，如地震、泥石流、沙尘暴、流行病、瘟疫……这些都在威胁着一个国家的安全，在应对突发事件上直接考验着一个国家的反应能力和管理智慧。以这次新冠疫情为例，我们国家发现疫情后第一时间作出部署，于湖北省和武汉市而言提出了"内防扩散，外防输出"的战"疫"布局理念；于全国各省（市、自治区）而言，明确提出了"内防扩散，外防输入"的战"疫"布局理念。我们国家方法得当，精准施策，防止和避免了新冠疫情的进一步扩散和蔓延。而国外在疫情防控方面则逊色了许多，美国新冠肺炎累计确诊病例全球最多，截至美东时间当天17时20分（北京时间2022年5月8日凌晨5时20分），美国累计新冠肺炎确诊病例81850636例，累计死亡病例997503例。两项数据与24小时前相比，新增确诊73076例，新增死亡236例。由此可见，应对应急事件的能力直接检视着一个国家的责任能力。

### （三）要牢固树立全民减灾防灾的国家安全意识

公民作为社会中人不可能游离于社会之外，本着一种防患于未然的态度，用良好的道德和法律意识来规范自己的行为对于每个公民来讲至关重要。要教育公民懂得，日常行为的不检点有可能威胁到国家安全。比如，森林防火是每个公民的责任，公民进入林区不能携带火种；再如，在疫情防控期间，每个公民都要严格遵守地方政府制定的法令和条款，如出门戴口罩、公共场所不聚会、常开窗、勤消毒等。疫情一旦暴发无疑会成为国家灾难。每个公民自觉牢固树立减灾防灾意识，也是在为国家安全做贡献。

### （四）要牢固树立生命大于天的国家安全意识

人是社会资源中最宝贵的一种资源，敬畏生命应该成为一种社会常态。我们国家高度重视人民群众健康安全。疫情发生以来，对每一个新冠肺炎感染者积极进行救治，花费巨大财力国家也在所不惜；面对世界疫情全面暴发的现实，我们国家及时派出专机接公民回国，驻各个国家的大使馆及时启动应急响应预案，对海外公民进行妥善安置，使得公民的海外安全系数大大提高，彰显了党和政府对人民群众生命安危的高度重视，对生命的敬畏与尊重。

国家安全教育应成为每个公民的"必修课"，只有让国家安全意识入脑入心，才能内化于心，外化于行，成为人们的自觉行动。

## 二、牢固树立和践行总体国家安全观

2014年4月15日，习近平总书记在中央国家安全委员会第一次全体会议上，创造性提出总体国家安全观，明确坚持以人民安全为宗旨，以政治安全为根本，以经济安全为基础，以军事、文化、社会安全为保障，以促进国际安全为依托，维护各领域国家安全，构建国家安全体系，走中国特色国家安全道路。党的十九大将坚持总体国家安全观纳入新时代坚持和发展中国特色社会主义的基本方略，并写入党章，反映了全党全国人民的共同意志。总体国家安全观是我们党历史上第一个被确立为国家安全工作指导思想的重大战略思想，是习近平新时代中国特色社会主义思想的重要组成部分，是新时代国家安全工作的根本遵循和行动指南。

2022年4月15日，在习近平总书记提出总体国家安全观8周年之际，根据党中央部署，由中共中央宣传部、中央国家安全委员会办公室组织编写的《总体国家安全观学习纲要》（以下简称《纲要》）出版发行。这是党的思想理论建设的一件大事，为学习贯彻总体国家安全观提供了权威辅助读物，恰逢其时、正合所需。我们要以此为契机，在广大党员干部群众中掀起学习宣传贯彻总体国家安全观的热潮，凝聚起攻坚克难、砥砺前行的强大力量，筑牢全面建设社会主义现代化国家的安全屏障。

（一）深刻领会总体国家安全观的重大意义和贡献

习近平总书记指出："这是一个需要理论而且一定能够产生理论的时代，这是一个需要思想而且一定能够产生思想的时代。"中国特色社会主义进入新时代，我国国家安全形势发生深刻复杂变化，总体国家安全观应运而生，为维护和塑造中国特色国家安全指明了前进方向，为建设一个持久和平、普遍安全的世界贡献了中国智慧和中国方案。

总体国家安全观锚定了新时代国家安全的历史方位。党的十八大以来，习近平总书记从人类发展大潮流、世界变化大格局、中国发展大历史的高度和视野，深刻指出世界百年未有之大变局进入加速演变期、中华民族伟大复兴进入关键时期。习近平总书记强调，"实现中华民族伟大复兴的中国梦，保证人民安居乐业，国家安全是头等大事"，"统筹发展和安全，增强忧患意识，做到居安思危，是我们党治国理政的一个重大原则"，为我们从党和国家工作全局上认识国家安全、定位国家安全、把握国家安全提供了根本指导。这一系列重大战略判断，指明了新时代国家安全所处的新的历史方位，是我们在新征程上准确识变、科学应变、主动求变的基本坐标和依据。

总体国家安全观明确了新时代国家安全的根本政治保证。我们党诞生于国家内忧外患、民族危难之时，对国家安全的重要性有着刻骨铭心的认识，始终把维护国家安全工作紧紧抓在手上。党的十八届三中全会决定成立中央国家安全委员会，目的就是更好适应我国国家安全面临的新形势新任务，建立集中统一、高效权威的国家安全体制，加强对国家安全工作的领导。在习近平总书记亲自谋划、亲自部署、亲自推动下，中央国家安全委员会成立以来，围绕完善国家安全领导体制，不断强化顶层设计，完善国家安全法治体系、战略体系和政策体系，建立国家安全工作协调机制和应急管理机制，推动各级党委（党组）把国家安全责任制落到实处，形成"全国一盘棋"的强大合力，开创了新时代国家安全崭新局面。

总体国家安全观开辟了新时代国家安全的前进道路。方向决定前途，道路决定命运。中国特色国家安全道路，是中国特色社会主义道路在国家安全上的具体体现。走中国特色国家安全道路，必须坚持党的绝对领导，完善集中统一、高效权威的国家安全工作领导体制，实现人民安全、政治安全、国家利益至上相统一；坚持捍卫国家主权和领土完整，维护边疆、边境、周边安定有序；坚持安全发展，推动高质量发展和高水平安全动态平衡；坚持总体战略，统筹传统安全和非传统安全；坚持走和平发展道路，促进自身安全和共同安全相协调。这一重大论断，是对中国特色国家安全道路的系统性、原创性理论概括，明确了中国特色国家安全道路的重要特征，树立起指引新时代国家安全前进方向的航标。

总体国家安全观彰显了新时代国家安全的大国担当。当前，人类社会面临的治理赤字、信任赤字、发展赤字、和平赤字有增无减，传统安全和非传统安全问题复杂交织，安全问题的联动性、跨国性、多样性更加突出，建设持久和平、普遍安全的世界任重道远。总体国家安全观高举构建人类命运共同体旗帜，推动构建相互尊重、公平正义、合作共赢的新型国际关系，坚决反对霸权主义、强权政治，为引领国家间关系提供了新思想、新模式；树立共同、综合、合作、可持续的全球安全观，坚持通过和平方式解决问题和争端，同各国合力应对气候变化、恐怖主义、网络安全、公共卫生、难民等非传统安全挑战，为推动解决地区热点和全球性安全问题发挥了建设性作用；坚持共商共建共享，推动"一带一路"快速成长为开放包容的国际合作平台、各方普遍欢迎的全球公共产品，为促进世界共同发展、可持续发展、可持续安全提供了更多合作契机。2022年2月以来爆发的俄罗斯和乌克兰冲突，再一次证明安全是不可分割的，实现长治久安需要照顾各方合理安全关切，搞集团对抗、谋求绝对安全只会带来不安全的后果。

总体国家安全观指引新时代国家安全取得历史性成就。党的十八大以来，在以习近平同志为核心的党中央坚强领导下，国家安全得到全面加强，实现了从分散到集中、迟缓到高效、被动到主动的历史性变革。国家安全体系基本形成，国家安全能力显著提升，人民防线更加巩固，全民国家安全意识显著增强。总体国家安全观坚定维护政权安全、制度安全、意识形态安全，顶住和反击外部极端打压遏制，推动香港局势实现由乱到治重大转折，深入开展涉台、涉疆、涉藏、涉海等斗争，稳步推进兴边富民、稳边固边，妥善处置周边安全风险，反渗透反恐怖反分裂斗争卓有成效；把安全发展贯穿国家发展各领域全过程，防控经济金融风险取得重大进展，关键核心技术攻关取得重要进展，扫黑除恶专项斗争取得胜利，生态环境保护发生历史性、转折性、全局性变化，妥善应对重大自然灾害，统筹疫情防控和经济社会发展，网络、数据、人工智能、生物、太空、深海、极地等新兴领域安全能力持续增强，有力应对海外利益风险挑战。国家主权、安全、发展利益得到全面维护，社会大局保持长期稳定，我国成为世界上公认的安全国家之一。

在我们党和国家历史上，越是国家和民族处于重大关头，就越需要发挥思想理论的引领作用。总体国家安全观作为新时代坚持和发展中国特色社会主义的基本方略之一，具有重大理论意义、历史意义、时代意义和实践意义。《纲要》全面反映习近平新时代中国特色社会主义思想在国家安全方面的原创性贡献，系统阐释总体国家安全观的基本精神、基本内容、基本方法、基本要求，对牢固树立总体国家安全观在国家安全工作中的指导地位，发挥在认识上统一思想、凝聚共识，在行动上增强自信、激励实干的作用，意义重大。我们要增强学习《纲要》、宣传《纲要》、阐释《纲要》的自觉性和坚定性，切实将《纲要》的学习领会转化为践行总体国家安全观的内驱力。

（二）全面学习把握总体国家安全观的科学理论体系

习近平总书记是总体国家安全观的创立者。在领导全党全国各族人民进行具有许多新的历史特点的伟大斗争中，习近平总书记以"我将无我，不负人民"的领袖情怀，运用马克思主义的立场观点方法，汲取中华优秀传统战略文化的精髓，继承和发展了中国共产党捍卫国家主权、安全、发展利益的奋斗经验和集体智慧，提出一系列具有原创意义的新理念新思想新战略，为创立和发展总体国家安全观发挥了决定性作用、做出了决定性贡献。

总体国家安全观从坚持和发展中国特色社会主义的战略高度，系统回答了中国特色社会主义进入新时代，如何既解决好大国发展进程中面临的共性安全问题，又处理好中华民族伟大复兴关键阶段面临的特殊安全问题这个重大时代课题，是一个系统完整的科学理论体系，内涵丰富、博大精深，涉及治党治国治军等各个方面，标志着我们党对国家安全基本规律的认识达到了新高度。

总体国家安全观的关键是"总体"，强调大安全理念，涵盖政治、军事、国土、经济、金融、文化、社会、科技、网络、粮食、生态、资源、核、海外利益、太空、深海、极地、生物、人工智能、数据等诸多领域，而且将随着社会发展不断动态调整；强调做好国家安全工作的系统思维和方法，加强科学统筹，做到统筹发展和安全、统筹开放和安全、统筹传统安全和非传统安全、统筹自身安全和共同安全、统筹维护国家安全和塑造国家安全，着力解决国家安全工作不平衡不充分的问题；强调国家安全要贯穿到党和国家工作全局各方面、各环节，绝非某一领域、单一部门的职责，必须把安全和发展置于同等重要地位、同步决策部署、同样积极落实。强调打总体战，形成汇聚党政军民学各战线各方面各层级的强大合力，全社会、全政府、全体系、全手段应对重大国家安全风险挑战。

总体国家安全观的核心要义，集中体现为习近平总书记在主持十九届中央政治局第二十六次集体学习时的重要讲话中提出的"十个坚持"，即坚持党对国家安全工作的绝对领导，坚持中国特色国家安全道路，坚持以人民安全为宗旨，坚持统筹发展和安全，坚持把政治安全放在首要位置，坚持统筹推进各领域安全，坚持把防范化解国家安全风险摆在突出位置，坚持推进国际共同安全，坚持推进国家安全体系和能力现代化，坚持加强国家安全干部队伍建设。

《纲要》紧扣"总体"这个关键，以"十个坚持"为基础谋篇布局，全面系统梳理习近平总书记关于国家安全的一系列重要论述，从政治、经济、文化、社会、生态、军事、科技等各个领域全面展开，充分展现了总体国家安全观的科学体系、丰富内涵。《纲要》坚持忠实于习近平总书记原著原文原理原义，原汁原味呈现习近平总书记的重大理论观点、重大战略部署，抓住"经典""金句"，彰显习近平总书记深邃的政治智慧、高超的斗争艺术、杰出的领导才能、平实的话语风格。

### （三）深切体悟总体国家安全观的理论品格

总体国家安全观秉承马克思主义国家安全理论本色，坚守为人民谋安全的信念，承载为中华民族伟大复兴护航的使命，饱含对人类前途命运的睿智思考，展现了以习近平同志为主要代表的新时代中国共产党人的政治品格、价值追求、精神风范。

坚定的人民立场。国家安全最广泛、最深厚的基础是人民。总体国家安全观把人民立场作为根本立场，坚持人民至上、生命至上，强调国家安全为了人民、依靠人民，深刻回答了国家安全为了谁、依靠谁的重大问题。《纲要》紧紧围绕保障人民生命安全、解决人民群众最关心、最直接、最现实的安全问题，系统梳理了新时代人民安全理念和实践，鲜明体现出习近平总书记深厚真挚的人民情怀。

顽强的斗争精神。敢于斗争、敢于胜利，是党和人民不可战胜的强大精神力量。和平环境是斗争而来的，不是妥协而来的。总体国家安全观始终着眼实现中华民族伟大复兴的中国梦，把握新的伟大斗争的历史特点，强调敢于斗争、善于斗争，增强斗争本领，矢志战胜一切可以预见和难以预见的风险挑战。《纲要》系统梳理了新时代国家安全斗争的方向、原则、策略，鲜明体现出习近平总书记强烈的历史担当和卓绝的斗争艺术。

深沉的忧患意识。常怀远虑、居安思危是中国共产党人的鲜明特质。总体国家安全观直面风险挑战，强调立足最困难、最复杂的情况，做最坏的打算，力争最好的结果，关键时刻要有亮剑和出手的战略勇气。《纲要》系统梳理了新时代防范化解风险的原则、理念、方法等，鲜明体现出习近平总书记清醒的底线思维和历史主动精神。

卓越的战略思维。战略问题是一个政党、一个国家的根本性问题，战略上判断得准确，战略上谋划得科学，战略上赢得主动，党和人民事业就大有希望。以习近平同志为核心的党中央高瞻远瞩，作出了一系列关乎党和国家前途命运的重大战略决策部署。比如，决策成立中央国家安全委员会，领导和推动国防和军队改革，制定实施香港国安法，构建新安全格局，等等。总体国家安全观强调，不论国际形势如何变幻，要保持战略定力、战略信心、战略耐心，把战略的坚定性和策略的灵活性结合起来。《纲要》系统梳理了新时代国家安全战略思想和实践，反映了以解决突出问题实现战略突破、带动全局工作的成功经验做法，鲜明体现出习近平总书记高瞻远瞩的战略眼光、总揽全局的战略智慧。

勇于创新的精神。坚持创新驱动是推动实现高水平安全的根本之策。当前，国家安全形势和国家安全斗争形态都发生了深刻变化，如果我们不识变、不应变、不求变，就可能会陷入战略被动、错失战略机遇。总体国家安全观深刻总结党的十八大以来国家安全事业系统性革命性创新实践，提出统筹发展和安全、维护和塑造国家安全、推动国家安全体系和能力现代化等重大创新理念。《纲要》系统梳理了新时代国家安全创新理念和实践，鲜明体现出习近平总书记非凡的理论勇气和敢为天下先的开拓精神。

宏阔的世界眼光。"世界潮流，浩浩荡荡，顺之则昌，逆之则亡"。正确处理中国和世界的关系，是事关党的事业的重大问题。总体国家安全观深刻洞察当今世界发展大势和时代发展潮流，强调中国始终不渝走和平发展道路，坚持维护自身安全和共同安全相统一，既努力实现自身目标，又力争为世界做出更大贡献。总体国家安全观充分阐明中国国家安全治理的价值理念、工作思路和机制路径，为那些既希望维护社会安全稳定又希望保持自身独立性的国家提供了重要借鉴。《纲要》系统梳理了新时代中国和平发展道路，鲜明体现出习近平总书记作为大党大国领袖恢宏的世界胸怀和坚定的大国担当。

### （四）完整准确全面学习贯彻总体国家安全观

在当代中国，坚持和发展总体国家安全观，就是真正坚持和发展马克思主义国家安全理论，就是真正坚持和拓展中国特色国家安全道路。《纲要》是用总体国家安全观这一重大原创理论武装全党、推动工作，指导新时代国家安全实践的最新教材。中央宣传部和中央国安办发出通知，要求各级党委（党组）把《纲要》纳入学习计划，全面系统学、及时跟进学、深入思考学、联系实际学，切实把学习成效转化为坚决维护国家主权、安全、发展利益的生动实践。

一是坚定不移强化理论武装。要结合贯彻落实党的十九大、二十大精神，深刻领悟"两个确立"的决定性意义，增强"四个意识"，坚定"四个自信"，做到"两个维护"，深刻理解总体国家安全观的重大意义、核心要义、精神实质、丰富内涵、实践要求，在思想上政治上行动上同以习近平同志为核心的党中央保持高度一致。要突出"关键少数"，开展生动深刻、入脑入心的教育培训，让各级领导干部更加坚定推动发展和安全深度融合，更加自觉用总体国家安全观指导驾驭纷繁复杂国家安全形势、应对风险挑战。要坚持集中性宣传教育与经常性宣传教育相结合，创新内容、方式和载体，引导广大人民群众认真学习贯彻总体国家安全观，提高全民国家安全意识，筑牢维护国家安全的钢铁长城。

二是坚定不移防范化解国家安全风险。要把防范化解影响我国现代化进程的各种风险摆在突出位置，做好较长时间应对外部环境变化的思想准备和工作准备。要完善风险防控制度机制，强化统筹协调，压实各方责任，做好要素保障，不断提高应对风险、迎接挑战、化险为夷的能力水平。要把困难估计得更充分一些，把风险思考得更深入一些，注重堵漏洞、强弱项，着力防范各类风险挑战内外联动、累积叠加，努力营造安全稳定环境。

三是坚定不移落实党中央战略部署。党的十九届五中全会首次把统筹发展和安全纳入"十四五"时期我国经济社会发展的指导思想，并列专章作出战略部署。继2018年出台《党委（党组）国家安全责任制规定》之后，2021年党中央出台了《中国共产党领导国家安全工作条例》，系统回答了国家安全工作"谁来领导""领导什么""怎么领导"等重大问题，进一步从制度上强化了党对国家安全工作的绝对领导。2021年年底，《国家安全战略（2021—2025年）》出台，对新形势下维护国家安全作出了战略部署。各级党委（党组）要把思想和行动统一到习近平总书记的系列重要指示上来，统一到党中央关于国家安全的大政方针和决策部署上来，聚焦重大部署、重要任务、重点工作，坚持守土有责、守土负责、守土尽责，一级抓一级、层层抓落实，确保党中央精神落到实处、见到实效。

四是坚定不移推动国家安全体系和能力现代化。要完善集中统一、高效权威的国家安全领导体制，把党的领导贯穿到国家安全工作各方面全过程，确保国家安全工作牢牢掌握在以习近平同志为核心的党中央手中。要全面提升国家安全能力，着眼维护和塑造国家安全的战略需要，更加注重协同高效，更加注重法治思维，更加注重科技赋能，更加注重基层基础，以钉钉子精神着力补齐短板弱项。要进一步强化国家安全法治保障，抓紧填补空白点、补强薄弱点，深入实施以《国家安全法》为统领的国家安全法律法规，更好发挥法治固根本、稳预期、利长远的作用。要建强配齐全国党委国家安全系统机构和人员，坚持以政治建设为统领，锻造党领导下坚不可摧的国家安全干部队伍。

> **思政小课堂：**
>
> 前进道路上绝不会一帆风顺，甚至会遇到难以想象的惊涛骇浪。新征程上，我们要更加紧密地团结在以习近平同志为核心的党中央周围，不忘初心、牢记使命，踔厉奋发、笃行不怠，逢山开道、遇水架桥，勇于战胜一切风险挑战，坚定不移走中国特色国家安全道路，不断开创新时代国家安全工作新局面，为夺取全面建设社会主义现代化国家新胜利、实现中华民族伟大复兴的中国梦不懈奋斗！

## 第三节 国家秘密与防泄密

国家秘密是指关系国家的安全和利益，依照法定程序确定，在一定时间内只限一定范围的人员知悉的事项。

保守国家秘密是中国公民的基本义务之一。《中华人民共和国保守国家秘密法》对有关的问题作出了规定。国家秘密的密级分为"绝密""机密""秘密"。

"绝密"是最重要的国家秘密，泄露会使国家的安全和利益遭受特别严重的损害。

"机密"是重要的国家秘密，泄露会使国家的安全和利益遭受到严重损害。

"秘密"是一般的国家秘密，泄露会使国家的安全和利益遭受损害。

国家秘密事项的密级一经确定，就要在秘密载体上作出明显的标志。标志方法应按《国家秘密定密管理暂行规定》执行。《中华人民共和国保守国家秘密法》第四条：保守国家秘密的工作，实行积极防范、突出重点、既确保国家秘密又便利各项工作的方针。

## 一、国家信息泄密种类

### （一）普通公民的泄密

大河有水，小河满。同样，有了大家，才能有小家。没有国家安全，自然不会有国泰民安，学生自然也不能无忧无虑地在校园里汲取知识，享受青春带来的惬意。

改革开放以来，我国综合国力大幅度跃升，一派繁荣景象。在这样和平的环境下，学生往往认识不到国家安全面临的严重威胁，思想麻痹，缺少忧患意识，还有一些学生不同程度地存在国家意识淡漠、国家安全意识不强、民族自信心和自豪感减退、对民族优秀传统文化漠视、民族整体意识和认同感不强等现象。

现实中，有的学生对国家安全存在着一些模糊的认识，如一些学生对国家安全还停留在军事、战争、国防、领土、情报、间谍这样一些传统的、局部的认识上。缺乏对国家安全既包括传统内容，也包括文化安全、科技安全、金融安全、信息安全等全方位的认识与理解。

> **课堂故事**
>
> 近年来，境外间谍情报机关在网络上以求职招聘、学术研究、商务合作、交友婚恋等各种名义为掩护，巧言令色，欺骗、勾连我国社会人员甚至在校学生窃取、出卖国家秘密。
>
> 2019年3月，在校学生庄某在"舟山全职兼职普工"QQ群中寻找兼职。一位成员主动申请添加庄某为QQ好友，并向其提供"某军港附近地图信息采集和沿街商铺拍摄"的兼职工作，要求"每天工作3小时，一周工作3天，日工资200元"。
>
> 庄某按对方要求，将个人简历、定位信息和微信收款码通过QQ发送给对方，先后8次应对方要求前往小区楼顶、公园及医院附近，拍摄我国军港情况及附近街道店铺、路况等，每次拍摄100～200张照片，通过邮箱发送给对方。
>
> 庄某还应境外间谍情报人员要求，在网上购买长焦镜头观测及租船出海抵近观察等方式，先后10次赴我国某海军舰队实施预警观察搜集。在此期间，境外间谍情报机关还对庄某进行了安全培训，要求其以"观察记录为主、拍照为辅"的方式搜集军舰舷号信息。
>
> 2019年12月，舟山市中级人民法院以为境外组织非法提供国家秘密罪判处庄某有期徒刑5年6个月，剥夺其政治权利1年。

### （二）新闻媒体的泄密

有的新闻单位追求新闻效应，不顾有关规定抢先报道，造成泄密；有的单位为了宣传自己，提高知名度，把本不应该对外宣传的情况和盘托出，造成泄密；有的新闻、出版部门审稿人员缺乏保密知识，不了解保密范围，造成泄密。

随着新闻媒体的市场化，独家新闻、首发新闻、精确新闻、背景新闻等，成为新闻媒体的核心竞争力。新闻越做越快、越做越细。但是，新闻在做快、做精、做深的时候，正是新闻泄密容易发生的时候。

新闻泄密主要表现为以下几种类型：

（1）在新闻报道中直接泄密。

（2）在组织采访活动中泄密。

（3）在提供报道素材中泄密。

（4）在互联网泄露信息中泄密。

（5）敌特冒充新闻记者窃取秘密。

（6）个别新闻工作者以密资敌造成泄密。

（三）通信和办公自动化方面的泄密

当前，通信和办公自动化的发展和普及，大大提高了工作效率，但也给保密工作带来了一些新问题。一方面，保密防范技术不能有效地克服技术性的泄密；另一方面，人为的泄密问题也时有发生，如有的在普通电话中谈论国家秘密，有的在拍发电报、传真时明密混用，有的信息网络不具备保密功能，用户却将一些涉密信息传到网上等。

（四）电信通信的主要泄密隐患

1. 有线传输线路辐射泄密

有线通信传输线路工作时，会向周围空间辐射发射电磁波，利用相应设备可接收并还原所传输的信息。

2. 网络串音泄密

相邻电路或线路之间因各种原因极易产生串音。

3. 无线传输泄密

微波、卫星、短波、超短波等无线信道广泛用于通信传输，所传输的信号暴露在空中，只要有相应的接收设备，选择合适的位置，就可接收并还原通信内容。

4. 通信设备电磁泄漏发射泄密

通信设备，包括电话机、传真机、交换机等，工作时会产生电磁泄漏发射，通信信号会被辐射到数百米之外，利用相关技术设备就可以接收通信信号并还原通信内容。

5. 植入"木马"间谍程序

现代通信网络广泛使用计算机控制的程控交换机，如果计算机被植入"木马"间谍程序，程控交换机就会将通信信息发送给窃密者。

---

**思政小课堂：**

保密是公民的义务，也是学生的社会责任。《中华人民共和国刑法》第三百九十八条规定："故意或者过失泄露国家秘密，情节严重的，处三年以下有期徒刑或者拘役；情节特别严重的，处三年以上七年以下有期徒刑。"《中华人民共和国刑法》第三十二条规定："为境外的机构、组织、人员窃取、刺探、收买、非法提供军事秘密的，处五年以上十年以下有期徒刑；情节严重的，处十年以上有期徒刑、无期徒刑或者死刑。"学生应该履行保密义务，同失、泄、窃密行为作斗争。

（五）办公自动化设备的主要泄密隐患

1. 存储功能的泄密隐患

打印机、扫描仪、复印机等办公自动化设备的数字化程度日益提高，这些设备在工作中会将处理的信息存储在内设的存储器中，当这些设备需要维护、保修、报废时，厂家或其他人员可以通过调换或取走存储器获取所存储的信息。

2. 在办公自动化设备内安装窃密装置

有关部门技术检测发现，从某国进口的传真机、碎纸机、复印机等设备内被安装了窃密装置。当这些设备被使用时，窃密装置会自动将处理的信息转换为电子信号发射出去，特别是新一代的数码复印机集复印、打印、扫描、传真功能于一体，可以直接接入互联网。当数码复印机连接互联网时，处理的信息会自动传输到境外数字信息中心。数码复印机配置的大容量硬盘，有的容量高达几十个G，具备长期保存大量数据的功能，如果管理不当，所造成的泄密问题是无法想象的。

## 二、防泄密

造成国家秘密泄露有主观因素和客观因素，但只要从思想上重视，在行动中小心，泄密事件是可以避免的。对于学生而言应做到以下几点：

（1）认真学习《中华人民共和国保守国家秘密法》及相关的保密法律知识，严格遵守保密法法律法规、规章制度。

（2）不泄密。不把自己掌握的国家秘密对不应该知道的人员透露，不擅自扩大知密者范围，不在公共场所谈论国家秘密。

（3）不失密。对自己掌握、保管的秘密文件、资料、信息，严格依照保密规定进行管理，自觉做到不携带保密文件、资料出入公共场所，决不使它丢失。

（4）在对外交往中坚持内外有别。在接触交往过程中，凡涉及国家机密的内容，完全遵循保密制度要求并与上级的对外口径一致。

（5）与境外人员接触时不带秘密文件、资料和记载有秘密事项的记录本，对方索要资料、样品或询问内部秘密时，要区别情况，灵活予以拒绝。

（6）不经主管部门批准，不携带境外人员参观或进入非开放区。

（7）拾获属于国家秘密的文件、资料和其他物品，应当及时送交有关机关、单位或保密工作部门。

（8）发现有人买卖、盗窃、抢夺属于国家秘密的文件、资料和其他物品，应当及时报告保密工作部门或者公安、国家安全机关处理。

**课堂故事：**

某校学生陈某为军事爱好者，经常浏览军事网站，并加入了一个军事爱好者聊天群。聊天时，陈某无意说出，自己家附近正在建一个大型军用码头。说者无意，听者有心，群里有一名自称孙某的人和陈某聊了起来，两人有共同的爱好，越聊越投机并加为好友。放暑假时，孙某表示很想看看码头的雄姿，让陈某从近处三个不同角度拍三张照片，陈某没有多想，就到自家附近山上拍了三张照片发给孙某，孙某表示这些照片具有一定的收藏价值，给了陈某二千元钱作为感谢费。转眼到了寒假，陈某放假回家，聊天中，孙某提出想看看码头建设情况，让陈某再拍三张照片，陈某照办，又收到孙某三千元感谢费。不久，陈某被抓获，经查，孙某接受境外间谍机构任务，收集军事情报。本案中陈某因非法提供军事情报，被判处有期徒刑十年。该案例警示大家，网上聊天，交友须谨慎，不能说的话不要说，一些涉经济、科技、军事及其他重大事项，绝对不能触及，单一的信息可能不一定有多大价值，当好多单一信息集合起来，就能形成一个完整的情报，一旦让境外势力掌握，对于我国的威胁极大。

## 第四节 恐怖活动及其防范

暴力恐怖袭击是指以暴力、破坏、恐吓等手段制造社会恐慌、危害公共安全或者胁迫国家机关、国际组织为目的，造成或者意图造成人员伤亡、重大财产损失、公共设施损坏、社会秩序混乱等严重社会危害的行为，以及煽动、资助或者以其他方式协助实施上述活动的行为。暴力恐怖袭击是为了达到某一政治或社会目的，采用暴力袭击手段造成社会和公众恐怖，使整个社会生活发生震荡不安，所以也称为社会暴力或恐怖主义。

### 一、常见暴力恐怖袭击手段

（一）常规手段

（1）爆炸。炸弹爆炸、汽车炸弹爆炸、自杀性人体炸弹爆炸等。

（2）枪击。手枪射击、制式步枪或冲锋枪射击等。

（3）劫持。劫持人、车、船、飞机等。

（4）破坏。纵火破坏及破坏电力、交通、通信、供气供水设施等。

（二）非常规手段

（1）核与辐射恐怖袭击。通过核爆炸或放射性物质的散布，造成环境污染或使人员受到辐射照射。

（2）生物恐怖袭击。利用有害生物或有害生物产品侵害人、农作物、家畜等，如发生在美国9·11事件以后的炭疽邮件事件。

（3）化学恐怖袭击。利用有毒、有害化学物质侵害人、城市重要基础设施、食品与饮用水等，如东京地铁沙林毒气袭击事件。

（4）网络恐怖袭击活动。利用网络散布恐怖袭击信息、组织恐怖活动、攻击电脑程序和信息系统等。

**思政小课堂：**

学校恐怖事件涉及学生、学校、国家的安全及未来发展，因此学校迫切需要反恐教育，加强整个国家、学校、学生的安全互动与反馈。作为新时代的学生要树立正确的道德和法律意识，提高生命安全、国防安全等意识，同时要远离恐怖分子的引诱与迫害，加强拒绝参与恐怖活动犯罪的决心。

## 二、常见识别恐怖暴力袭击的方法

### （一）如何识别恐怖嫌疑人

恐怖分子脸上不会贴有标记，但是会有一些不同寻常的举止行为可以引起我们的警惕，如：

（1）神情恐慌、言行异常者。

（2）着装、携带物品与其身份明显不符，或与季节不协调者。

（3）冒称熟人、假献殷勤者。

（4）在检查过程中，催促检查或态度蛮横、不愿接受检查者。

（5）频繁进出大型活动场所。

（6）反复在警戒区附近出现。

（7）疑似公安部门通报的嫌疑人员。

### （二）如何识别可疑车辆

1. 状态异常

通过车辆结合部位及边角外部的车漆颜色与车辆颜色是否一致确定车辆是否改色，车的门锁、后备箱锁、车窗玻璃是否有撬压破损痕迹，车灯是否破损或被异物填塞，车体表面是否附有异常导线或细绳。

2. 车辆停留异常

违反规定停留在水、电、气等重要设施附近或人员密集场所。

3. 车内人员异常

在检查过程中神色惊慌、催促检查或态度蛮横、不愿接受检查，发现警察后启动车辆躲避。

### （三）如何识别可疑爆炸物

在不触动可疑物的前提下：

（1）看。由表及里、由近及远、由上到下无一遗漏地观察，识别、判断可疑物品或可疑部位有无暗藏的爆炸装置。

（2）听。在寂静的环境中用耳倾听是否有异常声响。

（3）嗅。例如，黑火药含有硫黄，会发出臭鸡蛋（硫化氢）味；自制硝铵炸药的硝酸铵会分解出明显的氨水味；等等。

（四）如何从租住房屋人员中发现嫌疑人

（1）昼伏夜出，作息时间反常。

（2）房屋内有异常声响、气味。

（3）常出现非生活垃圾。

（4）交往复杂、异常。

（5）常携带异常物品出入。

## 三、遇到暴力袭击自救方法

近年来，随着社会的发展，极端群体为了达到某些目的，不惜以牺牲公众的人身安全为代价，在公共场所实施暴力事件。学生必须增强公共场所突发暴力事件时的自我防范意识。

（1）当预知或遇到公共场所有突发暴力事件时，应在第一时间报警，并配合警察。请专业人员来制止、处理危害公共安全事件的发生。

（2）无重要事情，少去或不去人流量大的地方，因为人流量大的地方是各种事件最容易发生的地点。

（3）不要跑向处在暴乱区域内的派出所和公安局，因为这是对方围攻的重点。

（4）不要跑向小型工地、流动人口聚集区域、平房、自建房、出租房屋多的区域，因为对方会选择农民工、流动人口等弱势群体作为主要施暴对象。

（5）逃跑时要观察好现场状况，跑对方向，不要慌不择路反而从边缘进入严重区域。如果有条件，观察发现现场组织者，如臂绑白毛巾的、站在车顶上的、振臂高呼的等；发现对方车辆，如任何路况下左转向灯都闪个不停的。发现上述人员和车辆，如果在室外，跑时避开他们指示的方向；如果在室内，拍照取证，记下人员和车号。

（6）如果正处在公共场所暴力事件当中无法逃避时，找大型器物遮掩自己并及时卧倒。一旦有爆炸、有毒气体等发生时，判断其特性，以最低限度减少对自己的伤害。

（7）见义勇为，量力而行。很多国外电影推崇个人英雄主义，救世于危难之中。我国影视剧的侠文化也脍炙人口。可这些都是为了吸引观众设计出来的。实际生活中，在机械、科学技术面前，我们的生命显得多么的脆弱。因此，智慧之勇永远高于肌体之勇，所以务必量力而行。

（8）面对突发事件，不要围观。恐怖分子多是以暴力威胁公共安全为手段，制造社会影响，往往都做了充分准备。现场很有可能伴随有爆炸、释放有毒化学气体等情况。所以一旦有突发公共事件时，一定远离。这也为我们的警务人员开展营救减少了干扰。

（9）心里不要产生惧怕感，尽量稳定情绪，观察现场情况，为配合警察、救己、救他人做好准备。一旦现场被控制或时机成熟，迅速撤走、远离现场。经历事件后，禁忌传播。保持理智，明辨信息与谣言，不要让谣言对自己的判断力产生负面影响。

> ✿ **小贴士**
>
> 遇到暴力袭击时，三大准则要牢记
>
> 1. 逃
> （1）如果有出口马上逃生。
> （2）别带任何行李。
> （3）逃到安全地以后马上报警。
> 2. 躲
> （1）找到一个安全的屋子，把门反锁。
> （2）保持安静，把手机等物品调成静音模式，以防被发现。
> （3）藏在一些大物件后面，如柜子。
> 3. 战
> （1）如果实在跑不了也躲不了则战。
> （2）身边能当武器的东西都拿起来用。
> （3）直面歹徒，先把他的武器打掉。
> （4）最好多个人一起行动。

> 📋 **课堂故事**
>
> ### 云南昆明火车站暴力恐怖案件
>
> 2014年3月1日21时20分，一伙歹徒统一着装、持械冲进昆明火车站广场、售票厅，见人就砍。车站派出所的民警出警处置。特警赶到后，当场击毙4名暴徒、抓获1人。截至2014年3月2日18时，案件造成29人死亡、143人受伤。其中，12名伤员仍然处于危重状态，其余伤员病情平稳。
>
> 2014年3月3日下午该案件告破。官方查明，该案件是以阿不都热依木·库尔班为首的暴力恐怖团伙所为。该团伙共有8人（6男2女），现场被公安机关击毙4名、击伤抓获1名（女），其余3名已落网。2014年3月6日，涉及作案的女暴徒招供，她如实交代了作案的动机和作案全过程。昆明市政府新闻办认定，这是一起由新疆分裂势力一手策划组织的严重暴力恐怖事件。2014年3月29日，昆明市人民检察院分别以涉嫌组织、领导、参加恐怖组织罪和故意杀人罪，依法批准逮捕昆明"3·01"暴恐案4名犯罪嫌疑人。

## 第五节　反对邪教组织与校园传教

### 一、邪教组织对国家安全的危害

邪教组织的存在及活动必然会对国家安全构成现实或潜在的威胁。这种威胁是对国家安全及其子系统的全面冲击。当然冲击所造成破坏的程度还要看邪教自身的发展程度和各方面的外部条件，但无情的现实已告诉我们，忽视邪教对国家安全的威胁将会付出惨痛的代价。

（一）邪教建立非法组织，蓄意挑起事端；煽动社会动乱，图谋颠覆政权，严重危害国家政治安全

这是邪教威胁国家安全的核心所在，集中体现了邪教的反动本性。邪教不仅仅是非法的民间组织，更是具有明显的政治倾向和险恶的政治图谋，为了达到政治目的甚至不惜一切代价，损害国家利益的反动集团。

**思政小课堂：**

邪教组织漠视群众生命，让很多的家庭成员因病贻误治疗，家破人亡，甚至制造集体自杀、绑架、爆炸等事件，严重危害了社会和人民的安全。极少数痴迷者不惜以死抗拒社会治理邪教的行动，自杀、杀人、蔑视生命，成为邪教的殉葬品。邪教组织奉行反社会、反文明的教义，实施教主极权统治，对信徒洗脑和精神控制，摧残人权，危害社会，严重影响国家和社会的正常秩序。作为21世纪的学生，我们每个人都有责任、有义务自觉抵制各类邪教组织和活动，营造良好的社会环境，要树立正确的世界观、人生观、价值观，崇尚科学，关爱家庭，珍爱生命，拒绝邪教。

（二）邪教掠夺信徒钱财，非法牟取暴利；鼓吹厌世情绪，阻碍社会生产，严重威胁国家经济安全

非法攫取钱财是所有邪教的共同特征，也是其邪恶本性的最直接表露。不同的邪教花招不同，但对社会经济造成的损失却是同样的巨大。另外，邪教所宣扬的"末世论"对现实社会意味着彻底的否定。被迷惑的信众放弃了积极的生活态度，陷入盲目信仰的泥沼，无形中阻碍了社会生产、破坏了经济秩序、对国家经济安全构成了严重威胁。

（三）邪教非法拥有武装，训练军事力量；加紧拉拢分化，注重渗透瓦解，严重破坏国家军事安全

统一的武装力量是主权国家的主要标志。邪教非常重视针对国家军队的种种破坏手段。首先，秘密购置武器，组建准军事集团，妄图形成一股与国家和政府长期对抗的军事势力。其次，采取多种形式向军队渗透，从内部加以分化瓦解。最后，不遗余力地用

渗入、贿赂、收买等手段获取军事情报，以便在较量中占得先机。邪教对国家军事安全的威胁由此可见一斑。

（四）邪教不满现存秩序，极度仇视社会；炮制恐怖事件，破坏安定团结，严重危害国家社会安全

邪教在很多国家被视为"不稳定因素"和"麻烦制造者"，主要原因在于邪教的发展水平与社会的安定程度是成反比的。邪教自视与现代社会水火不容，加之其行为模式以狂热和毁灭著称，注定了邪教组织针对社会的暴力恐怖活动要比一般的社会暴力事件更加残忍，性质更为恶劣。在邪教眼中，从人的生命到社会秩序，都可以用来充当牺牲品和政治赌注。邪教就是危害社会公共安全的罪恶之源。

（五）邪教抵制科学技术，疯狂制造迷信；营造愚昧氛围，妨碍科技进步，严重威胁国家科技安全

邪教理论属于伪科学，反科学是邪教的一贯立场。但为了使自己的歪理邪说蛊惑受众，邪教往往会打着科学的旗号来招摇撞骗。邪教将伪科学说成是科学，不光是为了颠倒是非，更是为了制造愚昧，通过阻碍科技进步使邪教理论拥有"科学"的合法化外衣。更有甚者，一些邪教企图掌握被禁止的科学技术（如克隆人）来为其服务，用心极其险恶。邪教是现代国家科技安全的最大敌人。

（六）邪教否定传统伦理，阻挡文明传承；散布腐朽思想，对抗先进文化，严重破坏国家文化安全

邪教不愿承认现代文明带给人类的福祉，常常抓住一些不可避免的问题和漏洞大做文章，叫嚣按照邪教理论来设计"新的世界"。由于十分清楚文化对于人生存的重要意义，因此在与先进文化的交锋中，邪教注重对人类文明连续性的破坏（民族优秀传统文化和价值观往往会成为攻击的重点），妄图在文化领域建立起"邪教帝国"，影响人的理想信念的构建，更好地实施信仰控制。

综上所述，邪教的存在对国家安全及其子系统构成了由点到面的威胁，有些威胁是暴露在外的，有些则是深藏其后的；有些威胁相对紧迫，有些显得比较缓和。而且不同的邪教在不同的国家由于外部环境的差异对国家安全构成现实威胁以及威胁的程度如何也会不尽相同。因此，看待邪教问题必须坚持具体情况分析的原则，既不能刻意夸大，也不可盲目乐观。就我国的当前实际来看，依法取缔"法轮功"邪教组织后，国内的邪教势力呈急剧衰退之势，但同时必须看到，国内、国外适宜邪教生存的主客观因素还有很多，邪教对国家安全的威胁依然存在，反邪教任重而道远。

---

☆ **小贴士**

### 和宗教信仰的相关的法律法规

（1）《中华人民共和国宪法》第三十六条：中华人民共和国公民有宗教信仰自由。

（2）《中华人民共和国刑法》第三百条：组织、利用会道门、邪教组织或者利用迷信破坏国家法律、行政法规实施的，处三年以上七年以下有期徒刑，并处罚金；情节特别严重的，处七年以上有期徒刑或者无期徒刑，并处罚金或者没收财产；情节较轻的，处三年以下有期徒刑，拘役、管制或者剥夺政治权利，并处或者单处罚金。

（3）《中华人民共和国教育法》第八条：教育活动必须符合国家和社会公共利益。

## 二、树立正确的宗教意识、抵制邪教

学生宗教观的研究是培养学生成为"四有"公民的一项重要内容。当前社会转型背景下，在校的学生以不同形式参与宗教活动，这说明当代学生的宗教信仰与宗教观问题在学校思想政治教育中应该引起足够的关注。因此，学校必须根据现实情况制定相应的教育、管理措施，始终保持整个校园积极向上、和谐稳定的良好氛围。具体应该做到以下几点：

树立正确的宗教信仰意识抵制邪教

（1）努力学习，用科学知识武装自己的头脑，树立正确的世界观，提高辨别能力，认清邪教与宗教的区别。

（2）多参加健康有益的社会活动，保持积极的人生态度和阳光心态。

（3）不受邪教影响，不参加任何邪教组织。

（4）完整了解国家对于宗教信仰与活动的法律规定，科学把握我国宗教政策和宗教信仰自由的内涵。

（5）坚定人生信仰，时刻警惕境内外反动势力通过宗教进行的各种渗透活动。

（6）坚决抵制非法传教。发现有人非法传教或散发宗教传单，应立即向学校保卫部门或公安机关举报。

### 课堂故事

2006年5月，武汉某高职院校经报请有关部门批准并履行相关手续后，遣返了该校两名外教。经公安机关查实，这两名外教先后于2005年8月、2006年3月受聘于该校从事外语口语教学工作。自2005年10月起，外教甲先是以课后辅导为名，邀请五名学生到其位于校内的寓所交流。交流中，甲称自己是一名虔诚的基督教徒，是"在耶稣的指引下来到你们身边"的，表示愿意义务向同学们介绍基督教义，并称这是"了解西方文化和价值观的最佳窗口"。在甲的说服下，其中四名同学课后常到甲的寓所听其讲解《圣经》，后增加到七人，讲解活动也逐步升级为定期做弥撒、诵读《圣经》等。外教乙来校后也迅速加入义务传教中，被遣返时正在做几名同学的工作，劝他们皈依到耶稣门下。

### 三、境外宗教势力的渗透

青年学生是社会主义事业的建设者和接班人，是国家未来的中坚力量，也是西方敌对势力的争夺对象。改革开放以来，尤其是东欧剧变以来，学校成为境外敌对势力意识形态渗透的主阵地，宗教渗透形势尤为严峻。研究境外宗教对我国学校渗透状况及其对意识形态安全带来的挑战，提出应对策略，对于加强国家意识形态安全建设、确保社会主义意识形态的主导地位有着重要的意义。

所谓宗教渗透，是指境外团体、组织和个人利用宗教从事各种违反我国宪法、法律、法规和政策的活动。具体渠道主要包括以下几个方面。

#### （一）通过专职人员对学生进行传教

传教人员一般都隶属于某个宗教机构或者宗教团体，他们利用自己的正当职业，以工作上的正常联系为由，通过各种手段接近学生群体进行传教；或是利用英语角活动，与学生沟通、交流，进而宣传教义教规；或是利用资助贫困生的名义宣传教义发展教徒，如在一些贫困地区，将贫困学生列为资助对象的首要条件是加入教会，或利用贫困学生感恩的心理进行传教。很多学生在校园公共场所经常会遇到基督教的传教士，他们经常以"交朋友""学外语"等为诱饵，吸引学生参加宗教团体，发展和培养宗教信徒。

#### （二）通过传输宗教读物对学生进行传教

或邮寄宗教经书、报刊、音像制品，或通过陆路和水路走私大宗宗教宣传品等，甚至在中国建地下工厂私自印刷传教书籍制造宗教活动用品，向中国公民包括学生发放。近年来，各地海关截获大宗宗教宣传品的事件经常发生。其中不少宗教宣传品直接攻击我国社会主义制度，攻击我国独立自主自办教会的方针。

#### （三）通过互联网对学生进行传教

互联网集报纸、广播、电视三大传统媒体优势于一体，并具有自己鲜明的传播特性：快捷性、海量性、开放性、互动性、多媒体性、虚拟性。加之互联网传播低成本、难监控、可匿名、受众广，为境外敌对势力对我国学校进行宗教宣传和渗透提供了绝佳的前提条件。他们设立宗教网站和网页，进行视频传教、电子教义传教；建立网络宗教活动平台及互动机制，包括网上教堂、网上弥撒、网上论坛、网上远程进香等；设立宗教网络学校，招收网络学生和信徒，建立宗教电子教务；设立宗教电子商务，进行宗教书刊和宗教用品销售；通过群发大量电子邮件进行传教；等等。据《宗教与世界》杂志提供的材料显示：具有浓厚宗教色彩的中文网站大约有1040个，天主教160个，基督教380个，70%设在我国香港、台湾地区。其中一些网站、网页已经成为境外势力利用宗教对我国进行渗透的重要渠道之一。学生是网络最大的受众群体，所受影响极大。

境外敌对势力对我国学校进行宗教渗透，从事非法传教活动，发展信徒，企图通过传播基督教以控制信众，即"基督羊驯服中国龙"，进而造成人们思想认识上的混乱，冲击主流价值体系，动摇马克思主义在意识形态领域的主导地位。境外敌对势力以宗教为载体对我国学校进行的西方文化和价值观的渗透所产生的冲击和挑战是十分明显的。

---

### 知识链接

#### 涉嫌危害国家安全的犯罪罪名有哪些？

1. 背叛国家罪：指勾结外国或者境外机构、组织、个人，危害中华人民共和国的主权、领土完整和安全的行为。

2. 分裂国家罪：指组织、策划、实施分裂国家、破坏国家统一，或者与境外的机构、组织、个人相勾结，组织、策划、实施分裂国家、破坏国家统一的行为。

3. 煽动分裂国家罪：指煽惑、挑动群众分裂国家、破坏国家统一的行为。在客观方面表现为煽惑、挑动群众分裂国家、破坏国家统一的行为。

4. 武装叛乱、暴乱罪：指组织、策划、实施武装叛乱、武装暴乱或者策动、胁迫、勾引、收买国家机关工作人员、武装部队人员、人民警察、民兵进行武装叛乱、武装暴乱的行为。

5. 颠覆国家政权罪：指组织、策划、实施颠覆国家政权、推翻社会主义制度的行为。

6. 煽动颠覆国家政权罪：指以造谣、诽谤或者其他方式煽动颠覆国家政权、推翻社会主义制度的行为。

7. 资助危害国家安全犯罪活动罪：指境内外机构、组织或个人资助实施背叛国家罪、分裂国家罪和煽动分裂国家罪、武装叛乱、暴乱罪、颠覆国家政权罪和煽动颠覆国家政权罪的行为。

8. 投敌叛变罪：指中国公民投奔敌方或敌对营垒，或者在被捕、被俘或由于其他原因被敌方控制以后投降敌人，危害中华人民共和国国家安全的行为。

9. 叛逃罪：指国家机关工作人员在履行公务期间，擅离岗位，叛逃境外或在境外叛逃的行为。

10. 间谍罪：指参加间谍组织或接受间谍组织及其代理人的任务，或者为敌人指示轰击目标的行为。

11. 为境外窃取、刺探、收买、非法提供国家秘密、情报罪：指为境外的机构、组织或个人窃取、刺探、收买、非法提供国家秘密或情报，危害中华人民共和国国家安全的行为。

12. 资敌罪：是指战时供给敌人武器装备、军用物资的行为。

第三章 ——人身与财产安全——

开篇导读

　　人身安全包括人的生命、健康、行动自由、住宅、人格、名誉等安全。财产安全指拥有的金钱、物资、房屋、土地等物质财富受到法律保护的权利的总称。《中华人民共和国民法典》第一千一百六十七条规定：侵权行为危及他人人身、财产安全的，被侵权人有权请求侵权人承担停止侵害、排除妨碍、消除危险等侵权责任。

倪某某，女，21岁，单亲家庭，为某学校电子科学与技术专业的学生，入学一年来，跟宿舍×××同学在商业街摆摊卖小饰品等赚取少量生活费。2022年9月初，倪某某以同学的妈妈要在校内开超市入股为名，向父亲要了两万块钱（辅导员老师事后才知道她向父亲要钱之事），父亲当时在江浙一带打工，只是给孩子打电话简单问了情况，便把两万块钱转给了孩子（事后父亲说孩子在家听话、老实，同学家长投入资金开超市，值得信任，并且以后的学费、住宿费就有了着落）。

2022年9月中旬，倪某某跟辅导员老师请病假，说身体不舒服、感冒，需要打针，不能坚持上课，连续请了两次。因为该同学请假时间较长，出于谨慎，辅导员老师向分管领导汇报，并且分管领导在请假条上签字。

2022年国庆节之后，倪某某又来到辅导员办公室，戴白色口罩，说话气喘吁吁，称自己得了肺结核，需要休学回家治疗。辅导员老师考虑到肺结核传染，在宿舍会影响其他同学的日常生活，便答复"如果需要长期治疗，可以拿着医院的诊断证明办理休学手续"。

过了几天，倪某某拿着医院的诊断证明，带着"姐姐"（实际是传销组织的人员）来办理休学手续，说父亲在江浙一带打工，自己是单亲家庭，由姐姐代为签字办理休学手续。休学后，辅导员老师和班长通过电话确认倪某某已回家。

2022年12月，辅导员老师突然接到称是倪某某同学的一个电话，他自称是A学校的学生，说倪某某现在江苏苏州的一个传销组织中。该同学是被骗到传销组织的，认识到传销组织的害处，已被江苏苏州高新区公安机关解救，但是倪某某仍然执迷不悟，请求辅导员老师解救倪某某！

辅导员老师立即跟倪某某家里取得联系，讲明事情缘由，倪某某的哥哥立即前往江苏苏州高新区派出所报案，因为之前对该传销组织取缔过，公安机关立即展开解救工作，倪某某于12月底被解救后返校。

倪某某不仅仅损失两万多元现金，而且因休学耽搁了学业。一旦加入传销组织，学生身心及财产会受到巨大影响和损失，所以作为辅导员老师必须高度重视这一问题，避免学生加入传销组织。但辅导员老师个人的力量在传销事件处理过程中具有局限性，只能从预防的角度考虑做以下工作。

（1）及时掌握情况，辨别学生是否参加了传销。最明显的表现就是学生长时间不在校，一再请假甚至不请假，请假原因各种各样，谎称得了传染病等。这时辅导员老师可以通过其同学、好友、家庭查明原因。辅导员老师要定期组织班会，对学生的思想动态和行为要有所了解，如发现任何异常情况要及时处理；同时完善学生请假制度，仔细分析学生请假缘由，并与相关人员取得联系，查明真伪，不放过任何虚假理由。

（2）利用所有资源，解救受骗学生。由于学校没有相应的行政执法权，辅导员老师有时不宜直接参与解救工作。最佳的解决办法是举报到当地行政管理部门，由相应部门一举端掉该窝点。这时，如果还能联系到学生，辅导员老师就要发出限时返校通知，同时通知其家长，讲明利害关系，限定时间，由家长将学生带回。

（3）强化被解救学生教育管理，防止学生再次加入传销组织。由于参加过传销组织的"课程"，被洗脑，一些观念深入其大脑，参加过传销的学生一时很难改变。这时辅导员老师要加强教育管理，避免其再次返回加入传销组织。

（4）加强思想道德教育和责任教育。有效预防学生参与传销，加强思想道德教育是根本。辅导员老师应从多渠道、多角度、多方位对学生进行思想道德教育；要本着关心、爱护的原则，从学生日常学习工作和生活着手，及时发现学生思想品德滑坡的迹象，未雨绸缪防患于未然；还应重视责任教育，帮助学生确立正确的人生观、价值观，使其明白自身肩负的责任，改变盲目追求安逸生活、好逸恶劳的享乐主义。

（5）加强法制教育。法律是道德的底线，从该案例可以看出，学生法律意识淡薄，缺乏最基本的法律知识，不懂得用法律来规范自己的行为，也不懂得用合法的手段来维护自己的权利。辅导员老师可通过主题班会等多重途径来启迪学生的法律意识，增强学生的防范意识和自我保护意识，提高学生的道德水平和自律能力，让学生有能力自觉抵制非法传销，筑起坚固的精神防线，揭穿传销分子编造的各种谎言，抵制非法经济利益的诱惑；利用各种生动的形式开展教育工作，结合典型案例制作教育片或宣传手册，让学生认清传销的本质，建立正确的财富观，以积极健康的心态、正确的人生观和价值观去迎接社会的挑战。

**知识梳理**

# 第一节　学生的人身伤害危机

随着教育体制改革，学生人身伤害事故依然摆在教育管理者面前，人身伤害风险已不局限在传统领域，正渗透入一些非传统领域。保障学生人身安全，是学校管理者优先思考的问题。减少学生人身伤害事故对学校未来发展具有非常重要的现实意义。

## 一、人身伤害事故类型及预防对策

### （一）学生人身伤害事故类型

1. 校园交通安全事故

现在的校园发生了巨大变化，一校变成多校区，校区之间的往来就与交通的联系更加密切了。校园内教职工的车辆也越来越多，同样带来新的安全隐患。学校现在对外开放，"利用教学资源服务社会"，车辆杂多，管理难度大，无形中为学生埋下了安全隐患。

**2. 人为伤害事故**

（1）恋爱挫败生恨引发伤害事故。

（2）同学间矛盾冲突引发伤害事故。

（3）上网成瘾或学业失败造成悲剧。

**3. 突发疾病事故**

出于多方面因素，学生的身体素质下降，突发疾病概率增加。

**4. 食物中毒事故**

传统的食物中毒与学校食堂有密切关系，只要管理和监督好学校的食堂卫生，严格按照卫生防疫部门的要求执行，可以有效地杜绝学生的食物中毒现象。而现今网络上、校园周边各类外来食物无法确定来源，存在食品安全隐患。

### （二）预防学生人身伤害事故的对策

目前，学校在办学过程中，进一步加强自身建设，提高管理力度，完善各项制度措施，步入了高速发展的快车道，为国家建设培养输送高技能人才做出了积极的贡献。然而，学生伤害事故在学校办学过程中时有发生，由此给学校管理、教学工作的开展带来了一系列的问题，严重影响了教育教学秩序。不论是从理论的高度来认识还是从现实的角度去分析，学生伤害事故大多是由于多方的过错造成的，既然存在过错，就应该想方设法减少甚至消除过错。因此，全面、深入地研究学校事故的防范措施，有着非常重要的现实意义。虽然经历了多个"五年"普法教育，我们的教育仍然存有普法的盲区，特别是对伤害事故防范知识的教育缺乏良方，还有的教育工作者在教育实践中对自己权利、义务的界限认识模糊，教育监督不力，突发事故的防范意识和处理能力亟待提高。在事故发生后的责任划分认定、赔偿等一系列问题上，也经常有消极处理的现象。因此，采取切实有效的对策，减少或避免学生伤害事故的发生，已成为学校的当务之急。

**1. 坚持防范为主的处理方针**

学生伤害事故一旦发生，会给学生本人以及学生家庭带来不幸，同时，对学校、对社会也将造成不良的影响，学校必须把立足点放在事故发生的防范上，尽可能地减少事故的发生。首先，学校应强化教职工、学生的事故防范意识，要制定切实可行的制度与防范措施，各部门要将制度措施落到实处，不要"花架子"，将安全防范工作纳入年度考核范围，甚至采取签订责任的形式进行责任管理。其次，增加教育投入，改善学校设施设备。很多事故的发生都与学校的设施设备陈旧有关，要解决这一问题，必须加大资金投入。最后，加强教师的工作责任心，增强教师及其他工作人员的法律意识。其中，相当重要的是教师应选择正确的教育方法，在管理过程中要对学生严宽结合，做深入细致的思想政治工作，做学生的知心朋友，掌握他们的思想动态，处处关心爱护学生，严禁体罚或变相体罚学生。另外，学生还可以成立组织进行自我管理，这也是一条减少学生伤害事故发生的有效途径。

## 2. 强化德技并举的思想教育

学生其实也可归纳为特殊职业群体，学生在学校里不仅要学到科学文化知识，还要学会做人。学校开设的职业道德教育课也是这个目的。而校方就更应该采取多种学生乐意接受的教育方式来加强学生的理想、道德、法制和爱国主义、集体主义、社会主义等方面的教育，使学生成为一个高尚的人、一个有道德的人、一个纯洁的人、一个脱离低级趣味的人、一个有益于人民的人。

## 3. 采取正确的处理原则

学校在处理学生伤害事故的过程中坚持一些基本的原则才能有利于事故的解决。一是依法原则。现代社会是一个有法可依、违法必究的社会。因此，学校在处理学生伤害事故时必须依法办事，否则就难以做到客观公正、维护当事人各方的合法权益。我国的《教师法》、教育部颁发的《学生伤害事故处理办法》，以及《中华人民共和国民法通则》等，都可作为依据。二是客观公正原则。学校在处理事故时要实事求是地分析和认定事故造成的原因，才能有效地将问题妥善解决。但是在实践中有的问题看似很简单而处理起来却相当复杂，这主要是由于双方当事人对问题的认识水平与利益驱动不同。一般来说，学生是听学校的，相信学校会客观公正地处理，但个别的学生家长则往往会提出些过分要求，甚至采取过激行为。三是合理适当原则。这主要是针对事故发生后的经济赔偿问题，这个问题是事故链中最难处理的问题，原则上是要按责任认定依法赔偿，现实中却往往是学校本着息事宁人的目的，在难以说服对方的情况下违背自身意愿进行赔偿。这虽有悖于合理适当原则，但确是无奈之举。社会主义法制体系的不断健全、完善，会对这类问题的解决提供更为合理、更具操作性的法律依据。四是及时妥善处理原则。当学生伤害事故发生后，学校要及时救治受伤学生，把伤害降低到最低程度，要及时进行事故善后处理。久拖只会增加处理的难度，不利于恢复学校的教育教学秩序和受伤害学生家庭的正常生活。

## 4. 争取当地政府及主管部门的支持，转移学校教育风险

学校学生伤害事故的发生往往与当地政府及主管行政部门对学校的关心和支持程度有关。学校周边环境对学生的影响不可小觑，如网吧、电游室、地摊等都可能是导致学生伤害事故发生的诱因。一旦事故发生，有关部门若消极介入或坐视不管，会给事故的处理增加难度。因此，学校要经常保持与社会各方的沟通，协调好关系，争取得到他们的支持，共同预防或顺利处理学生伤害事故。

## 5. 加大宣传教育力度，提高学生的法治观念和自我防范意识

发生安全事故的重要原因，就是学生法律意识淡薄，自我防范意识不强。因此，学生的法制教育、安全教育必须加大力度不可松懈。要使学生安全教育取得明显成效，就必须进行改革，改变旧教育制度的不足。如果要真正消除安全隐患，必须抓住安全问题的根源，采取有效且强力的措施。改进学生安全教育的切实可行措施如下：

（1）建立稳定统一的安全教育机构，为学生量身定做教学大纲和教学计划。安全教育机构的设立不完善，安全教育的内容就不全面，安全教育的效果就会不尽如人意，所以学校必须建立全面的安全教育机构。为了保证安全教育顺利和全面开展，学校必须制定合理明确的教学大纲和教学计划，以此来明确学生安全教育的方向。

（2）学生安全教育和安全管理工作，应两面兼顾。安全教育加强了，只是单方面从学生本身确保了学生安全，但是外界不安全因素仍时时刻刻威胁着学生的安全。所以，学校在加强学生安全教育、提高安全意识、掌握安全防范的技能和能力的同时还要大力加强安全管理工作，落实领导负责制，签订安全防范责任状，完善安全措施，定期检查、及时消除安全隐患，定期召开学习安全会议，使广大师生注意安全教育问题，尽量把安全事故消灭在萌芽状态。只有这两个方面都得到保障，才能为学生的安全加上双保险。

（3）提高安全教育水平。要提高安全教育水平，一方面要提高教师的素质和能力，在软件方面保障安全教育顺利进行；另一方面要加大安全教育资金投入，确保教育设施更新，并使用先进的教学手段，在硬件方面保障安全教育的顺利进行。另外，安全教育应该不断探索现代化的教学手段，使用高效、便捷的教学实施，如建立学生安全教育网络平台，建立安全教育网站，传播安全教育知识，宣传国家的安全教育法律法规，通过网络来教育学生提高安全意识和防范安全事故。

（4）不断完善、充实学生安全教育的内容。世界是永恒发展的，学生的生存环境也是不断变化的，各种不安全因素也随着环境的变化而逐渐增多。学生需要了解身边出现的新的不安全因素，增强安全意识，否则，当危险降临的时候他们就会不知所措进而造成严重的后果。所以，此时学校安全教育的不断更新完善就显得尤为重要。学校应该加强这些新因素的研究，提前预防，给学生传授如何应对这些新问题的知识、措施、能力和技能，使学生学会如何处理这些新问题，免遭这些新问题、新因素的侵害。安全教育是学校教育教学的一个重要组成部分，安全意识、安全素质也是学生本身必须具备的一项重要素质。学校重视安全教育，防范安全事故的发生，是创建稳定、和谐校园的必要手段，同时为学生的成才、成长提供一个安全、稳定的环境。对学生进行安全教育必须注重心理疏导，加大思想政治工作和心理健康教育力度，教育学生注意保持健康的心理状态，帮助学生克服各种原因造成的心理障碍，把事故消除在萌芽状态。

6. 积极开展防护训练，提高学生应急处置能力

积极主动地进行自我防护往往能在很大程度上避免安全事故的发生。因此，学校、家庭和社会应根据学生的身心特点，进行有针对性的防护训练来提高其防护能力。防护训练以应急处置、火场逃生、现场救护等为主要内容。训练的方法主要有三种：一是讲授防护知识，让学生知晓有关应急、救护、自卫的方法；二是组织学生参加校园治安巡逻、要害部位值守、社区联防等社会实践活动，让学生走出课堂到现实生活中去，提高

辨识安全问题、处置突发事件的能力；三是积极开展临危情景应急模拟训练，增加对各种危险情景和环境的感性认识，不断提高应急处置能力。同时，学校还应鼓励学生加强体能训练，提高防卫技巧和技能。

7. 健全组织机构，强化校园安全管理机制

大力加强校园安全管理，积极开展创建安全文明校园活动，建立健全管理机构和规章制度。建立以学校为主体的校、班两级安全教育管理机制，实行群防群管，真正做好校园安全教育管理工作。依法制订学生安全保护工作的实施计划和方案，健全、完善安全教育与管理规章制度。层层落实学生安全防护工作岗位责任制，明确岗位职责，确保各项管理措施落实到位。通过学生安全教育与管理领导机构的积极工作、广泛宣传、督促检查，各部门、全体师生进一步增强安全意识，促使各项安全防范措施落实到位，规范安全管理，提高安全防范的有效性，力争将学生的安全事故降到最低点。此外，需要建立健全安全问题的善后处理机制，统一为学生购置意外伤害保险、医疗保险；聘请法律顾问，合理定位学生、学校、家长、社会的关系。

8. 规范学校管理机制，学校、政府职能部门携手搞好校园周边治理

学校周边环境的管理，并不是学校一家的事情，涉及公安、文化、工商、税务、城管等多个政府职能部门。规范好学校周边环境的管理机制，是做好学校周边治理工作的基础，各职能部门携手出击，共同承担维护学校稳定的社会责任是治理周边环境的保障。学校应继续加大对校园安全保卫力量的投入，提高保卫人员的素质，积极争取地方政府、公安机关的支持，严厉打击危害学校及学生安全的不法行为，抓好与地方的共建，切实改善校园周边治安状况。

9. 加大投入，落实必要的物防、技防措施保障学校安全

现阶段，一些传统的安全措施，如学校围墙、公寓低层的防护窗等仍是必要的。道路交通中的标志、减速装置、消防设施和器材等的投入也是必要的。校内各建筑设施务必消防达标，并经验收合格。学校要完善实验室的安全管理措施，确保实验室安全，还要逐步加大如监控等的技防投入。这些都是保障学校安全的物质基础。

10. 加强对学生的心理健康教育，保障学生安全健康成长

目前学校中发生的一些非正常死亡事件，以及一些恶性案件，有相当一部分与学生心理疾病有关。因此，学校要十分关注学生心理健康，尤其是对通过测试已经了解到的有严重心理障碍的学生群体，要给予特别关注；通过建立心理咨询中心，分析学生心理障碍存在的根源，适时做好心理调适，以帮助其走出心理误区，减轻心灵的重负。在日常的教学中，教师要积极参与到学生的学习活动中，帮助学生解决疑难问题，并对学生的思想状况给予积极健康的引导，注重培养学生的亲和力，使校园形成一种荣辱与共、健康向上的奋进精神和以人为本、团结协作的亲和氛围，最大限度地减少矛盾与冲突。

> **思政小课堂：**
>
> 　　加强对学生安全问题的防范与应对，既是保障学生人身安全的必要手段，也是为国家培养较高安全素质人才的战略行动。因此，学校应培养学生热爱生命、关注健康、关注安全、以人为本的理念和价值观，并能够达到由关爱自己到关爱他人、关爱社会、关爱全人类的境界，同时学校应当采取各种手段加强安保措施。只有校园的安全与稳定、和谐发展得到了保障，学校才能最终实现育人的目标，学生才能在阳光下成长为国家的栋梁。

## 二、学生应对性侵害的方法

### （一）性侵害的形式

#### 1．暴力式侵害

暴力式侵害主要是指实施侵害的主体采取暴力手段、语言恫吓或利用凶器进行威胁，对女同学实施性侵害的行为。实施暴力侵害的主体比较复杂，有的混入校园以强奸为目的，混入女生宿舍或校园内偏僻处伺机作案；也有的是以抢劫、盗窃为目的，见有机可乘或因受害人处置不当而发展为强奸犯罪；还有的是因恋爱破裂或单相思走向极端，发展成为暴力强奸。这种方式对被侵害对象造成很大伤害，甚至死亡。

#### 2．流氓滋扰式侵害

流氓滋扰式侵害主要是指社会上的流氓结伙闯入校园，寻衅滋事，或者是某些品行不端正人员在变态心理的驱使下，对女同学进行各种性骚扰。这些人对女同学的侵害方式，多为用下流语言调戏、推拉撞摸占便宜、往身上扔烟头、做下流动作等。如果在夜间，女同学孤立无援或处置不当等情况下，也可能会发展为暴力强奸或轮奸。

#### 3．胁迫式侵害

胁迫式侵害主要是指某些心术不正者，或是利用受害人有求于己的处境，或是抓住受害人的个人隐私、某些错误等把柄，进行要挟、胁迫，使其就范。

#### 4．社交性强奸

这种犯罪行为的实施主体多是受害人的相识者，因同事、同学、师生、老乡、邻居等关系与受害者有社会交往，却利用机会或创造机会把正常的社交引向性犯罪。受害人身心受到伤害后，往往会出于各种顾虑不敢揭发。

> **课堂故事**
>
> 　　2021年4月28日，湖北某学校计算机专业学生郭某、钟某伙同桂林某学校学生王某、曾某，在一个深夜以喝酒、兜风为由残忍地将一名少女多次轮奸。为此他们也付出了沉重的代价，广西桂林市七星区人民法院对他们做出一审判决，以强奸罪分别判处郭某、王某、曾某、钟某有期徒刑13年、12年、12年、8年。

（二）容易遭受性骚扰、性侵害的时间和场所

1．夏天是女学生容易遭受性侵害的季节。夏天天气炎热，女生夜生活时间延长，外出机会增多。夏天校园内绿树成荫，罪犯作案后容易藏身或逃脱。

2．夜晚是女学生容易遭受性侵害的时间。这是因为夜间光线暗，犯罪分子作案时不容易被人发现。所以，在夜间女生应尽量减少外出。

3．公共场所和僻静处所是女生容易遭受性侵害的地方。这是因为，公共场所如教室、礼堂、舞池、溜冰场、游泳池、车站、码头、影院、宿舍、实验室等场所人多拥挤时，不法分子乘机袭击女生；僻静之处如公园假山、树林深处、狭道小巷、楼顶、没有路灯的街道楼边、尚未交付使用的新建筑内等。女生进入这些地方，由于人员稀少，极易遭受性侵害。

（三）预防性侵害的方法

1．树立防范意识

在社会中，女性作为性侵害的特殊客体容易遭受侵害。因此，女生在校内校外的各种活动场合，要随时注意遭受性侵害的可能性，提高自我保护的警觉性，只有树立防范意识，才能对一些预警性的性侵害信息及时采取防卫措施，有效地保护自己。例如，在社会交往中，对朋友、同伴那些肮脏下流的笑话、淫秽暧昧的语言、挑逗暗示的动作采取强烈的排斥态度，就能及时打消他们的侵害念头，从而防止被侵害。

2．关注所处环境

性侵害犯罪作为一种特殊的犯罪行为，犯罪分子往往注重作案环境的选择以求作案的"成功率"，减少作案风险。所以女生对自己的生活、居住环境要加倍关注，晚上尽量不要外出，有事外出也要尽早回来，夜晚外出或在校内行走最好结伴而行，行走时要选择行人较多、路灯较亮的道路，经过树林、建筑工地、废旧房屋、桥梁涵洞等处时要特别小心；在学校公寓或校外租房处就寝时，要避免独处，特别是节假日期间，晚上睡觉时要关好门窗，拉上窗帘。

3．谨慎结交新朋友

女生在与同学、老乡及朋友（网友）的交往过程中要注意对方交往的目的，留意对方日常言行中表现出来的人品、道德修养；不要轻信对方好话，不要单独跟新朋友去陌生的地方；控制感情，不要在交往中表现轻浮；控制约会环境，不要到偏僻人少的地方；不要过量饮酒，不接受超过一般的馈赠；对过分的言行持反对态度；等等。

# 第二节　学生的财产损失危机

## 一、反诈防骗

随着社会治安的日趋复杂，形形色色的犯罪分子往往在思想单纯的青年学生身上打主意，借结交之机、推销或招聘之名，变换手法，施展骗术，引诱学生上当。

（一）学生容易受骗的原因

1. 思想单纯，分辨力差

很多学生与社会接触较少，思想单纯，对一些人或事缺乏分辨能力，对于事物的分析往往停留在表象上，或根本就不去分析，使诈骗分子有可乘之机。

2. 感情用事，疏于防范

帮助有困难的人，这是我国的优良传统，是值得我们继承和发扬的。但如果不假思索去"帮"一个不相识或相识不久的人，这是很危险的。然而遗憾的是，我们有不少学生就是凭着这种幼稚、不作分析的同情、怜悯之心，一遇上那些自称走投无路急需帮助的"落难者"，往往就会被他们的花言巧语所蒙蔽，继而"慷慨解囊"，自以为做了一件好事，殊不知已落入诈骗分子设下的圈套。

3. 有求于人，粗心大意

每个人都免不了有求他人相助的事，但关键是要了解对方的人品和身份。有些同学在有求于人而有人愿意"帮忙"时，往往是急不可待，完全放松了警惕，对于对方提出的要求常常是唯命是从，很"积极自觉"地满足对方的要求进而铸成大错。

4. 贪小便宜，急功近利

贪心是受害者最大的心理缺点。很多诈骗分子之所以屡骗屡成，很大程度上也正是利用人们的这种不良心态。受害者往往是为诈骗分子开出的"好处""利益"所深深吸引，自以为可以用最小的代价获得最大的利益和好处，见"利"就上，趋之若鹜，对于诈骗分子的所作所为不加深思和分析，不做深入的调查研究，最后落得个"捡了芝麻，丢了西瓜"的可悲下场。

（二）常见的诈骗手法

1. "捡钱、捡首饰平分"诈骗

诈骗分子一般为1～4人，故意在路上丢下假钱包、假手机、假首饰等作为诱饵，待路过的学生捡拾后，便立即以目击者的身份上前，声称看见了学生捡拾财物的事情，要求与学生分利，并大方地表示自己只要少部分的，大头留给学生。而这些"财物"都是无法分割的，于是骗子就表示干脆给自己多少钱算了，有些学生一想，自己捡了大便宜，于是上当受骗。

提醒：要提高警惕，切记"天上没有掉下来的馅饼"，防人之心不可无。

2. "短信、网络中奖"诈骗

诈骗分子随机群发虚假中奖短信或者通过"显号软件"假冒网络运营商、国家政府机关、行政单位或相关知名电视栏目给学生打电话，以中奖要缴纳各种费用、银行账户信息被盗用等为由让学生将钱转入指定账号实施诈骗。

提醒：在收到类似短信或网络信息后，最好跟亲友及合法商家及时取得联系，核实真伪，不要急着汇钱，发现骗局立即报警。

3. "迷信消灾"诈骗

诈骗分子多选择文化水平低或涉世未深的学生为对象，对他们进行恫吓诈骗，以亲人出车祸、被绑架为由，急需用钱或用钱财消灾等花言巧语诈骗钱财。

提醒：广大学生要时刻绷紧自我保护这根弦，保护好个人信息和隐私，妥善保管个人各类证件，不随意出借自己的身份证件，不轻易将个人信息和隐私告知他人；注意留存消费服务相关凭据与证据，当合法权益遭受损害时，第一时间与同学、老师和家长商量，运用法律武器保护自己。

**4."电话欠费"诈骗**

诈骗分子以电信局名义电话告知事主电话欠费或以银联客服中心名义告知事主信用卡透支等诱骗事主将一定数额的钱存入指定账号进行诈骗。

提醒：遇此情况，可要求对方说出你的姓名、住址等资料进行核实，同时保持警惕，直接前往相关部门核实情况，免遭不法侵害。

**5."QQ视频借钱"诈骗**

诈骗分子一般先骗取QQ号主的信任，视频过程中偷偷开启视频录像并盗取QQ号码，而后通过虚拟视频软件与号主的好友视频聊天，以各种理由向好友借钱、汇款实施诈骗。

提醒：QQ聊天时，涉及钱的时候就要多留一个心眼，可以通个电话，或者在QQ中问一下共同的朋友的近况等对其身份进行核实。

**6."神医治病"诈骗**

诈骗分子一般2~4人为一伙，一人推销假名贵药材可以治疗疑难杂症或带学生去见所谓的"神医"，其他同伙则上前作为"托儿"吹嘘，向学生进行诈骗。

提醒：如果有人找你买什么，特别是违反常理的事，不要轻易购买或做出承诺，建议到正规商店打听一下同类商品的价格再做决定。

总之，真的假不了，假的真不了，无论诈骗分子手法怎么狡猾，同学们只要保持一个谨慎的心理，仔细听其言、观其行，就可以揭穿诈骗分子的假面具。

**（三）诈骗的预防**

**1.揭穿骗局**

诈骗分子行骗基本上都是抓住了人们心理上的某个弱点，或以利相诱，或危言耸听，最终目的就是骗取财物。虽然各种骗术层出不穷，花招屡屡翻新，但"莫贪小便宜""天上不会掉馅饼"等警语，仍是最有效的防骗"格言"。只要大家增强防骗意识，坚决不贪意外之财，再"精明"的诈骗分子也无法得逞，只是揭穿时间的长短不同罢了。骗案过程

诈骗的预防

的长短，同诈骗分子技巧的高低及事主的识别能力高低有极大的关系。有些诈骗案件几经周折，才始而暴露；还有些诈骗案件，待事主发觉被骗时，诈骗分子已不见踪影。对于学生来说，只有提高自己的防范意识和识别骗术的能力，才能及早揭穿诈骗分子，不受或少受损失。一般说来，应从诈骗分子的伪装、多变及反常的致命弱点入手来揭穿骗局：

（1）善于揭穿诈骗分子的伪装。诈骗案件的本质决定了诈骗分子离不开伪装，伪装

包括身份伪装、语言伪装、表情伪装及行为伪装等。这就要求学生在与他人交往及经济来往中谨慎从事，认真审查，验证其言行、衣着是否与其身份相称。

（2）善于观察诈骗分子所流露出的种种反常现象。诈骗案件中最经典的就是"诺言"反常。这就要求学生注意对方的承诺是否合乎常理。其诺言与常理的差距越大，越证明诺言的虚假。

（3）善于从诈骗案件的多变中把握矛盾。诈骗分子在行骗过程中常常会反复无常，一会儿说东一会儿说西。

2. 提高防骗意识

（1）保持健康心态，树立防骗意识。社会环境千变万化，学生必须尽快适应环境，学会自我保护。学生在日常生活中要多学习法律法规，积极参加学校组织的法制和安全防范教育活动，掌握一些预防受骗的基本知识及技能，善于辨别真假；要严格要求自己，树立正确的人生观、价值观，时刻加强自身理想、道德、情操的陶冶，自觉拒绝金钱、名利的诱惑，不贪私利，不图虚荣，增强抵御诱惑的能力；在提倡助人为乐、奉献爱心的同时，要提高警惕性，不能轻信花言巧语；不要把自己的家庭地址等情况随便告诉陌生人，以免上当受骗；不能用不正当的手段谋求择业和出国；发现可疑人员要及时报告，上当受骗后更要及时报案、大胆揭发，使犯罪分子受到应有的法律制裁。

（2）交友要谨慎，避免以感情代替理智。俗话说：知己知彼，心明眼亮。学生在与陌生人的交往中，要认真审查对方的来历，保持清醒的头脑，理智处事，观其行、辨真伪，三思而后行。比如，学生在择业活动中，对意向单位的基本状况、工作性质要多了解，不能因为工作难找就对已找到的工作岗位轻率相信，必要时可进行实地考察。人的感情是主体与客体的交流，既是主观体验也是对外界的反映，本身应该包含合理的理智成分。如果只凭感情用事、一味"跟着感觉走"，往往会容易上当受骗。交友最基本的原则有两条：一是择其善者而从之。真正的朋友应该建立在志同道合、高尚的道德情操基础之上，是真诚的感情交流而不是简单的利益关系，要学会了解、理解和谅解。二是严格做到"四戒"，即戒交低级下流之辈，戒交挥金如土之流，戒交吃喝嫖赌之徒，戒交游手好闲之人。与人交往要区别对待，保持应有的理智。对于熟人或朋友介绍的人，要学会"听其言，查其色，辨其行"，而不能"一是朋友，都是朋友"。对于"初相识的朋友"，不要轻易"掏心窝子"，更不能言听计从、受其摆布利用。对于那些"来如风雨，去如微尘"的上门客，态度要热情、处置要小心，尽量不为他们提供单独行动的时间和空间，以避免给犯罪分子创造作案条件。

（3）克服主观感觉，避免以貌取人。作为学校的学生，在各种交往活动中必须牢牢把握交往的原则和尺度，克服一些主观上的心理感觉，避免以貌取人。具体地说，不能单凭对方的言谈举止、仪表风度、衣着打扮等第一印象即"首因效应"妄下判断，轻信他人；不能只认头衔，只认身份，只认名气，而不认品德，不认才学，不辨真假，应更多地考察和分析，不被表面现象所蒙蔽。

（4）同学之间要相互沟通、相互帮助。在学校，无论哪个专业，班集体总是校园中一个最基本的组织形式。在这个集体中，大家向往着同一个学习目标，生活和学习是统一的、同步的，同学间、师生间的友谊比什么都珍贵，因此相互间应该加强沟通、互相帮助。有些学生把与他人的交往看作个人隐私，但必须了解，既然是交往就不存在绝对保密。有些交往关系，在自己认为适合的范围内适当透露或公开，更适合安全需要，特别是在自己觉得可能会吃亏上当时，与同学有所沟通或许就会得到一些帮助并避免受害。

## 二、防盗窃

### （一）校园常见的盗窃方式

纵观以往发生在校园的盗窃案件，盗窃分子在作案前或作案过程中往往有以下种种活动，供我们识别。

（1）借口找人，投石问路。外来人员流窜盗窃，首先要摸清情况，包括时间、地点、治安防范措施等，往往以借口找人为由打探虚实，一旦有机会就立即下手。

（2）乱闯乱窜，乘虚而入。有些盗窃分子急于得到财物，根本不"踩点"，而是以找人、借东西为由，不宜下手就告退，如有机会就立即行窃。

（3）调虎离山，趁机盗窃。有些盗窃分子故意提供虚假"信息"诱导学生离开宿舍，然后趁室内无人行窃。

### （二）校园盗窃的形式及特征

#### 1. 校园盗窃案件的主要形式

（1）内盗。内盗是指盗窃分子为学生或学校内部管理服务人员实施的盗窃行为。盗窃分子往往利用自己熟悉盗窃目标的有关情况，寻找作案最佳时机，因而易于得手。这类案件具有隐蔽性和伪装性。

（2）外盗。外盗是相对内盗而言的，是指盗窃分子为校外社会人员在学校实施的盗窃行为。他们利用学校管理上的漏洞，冒充学校人员或以找人为由进入校园内，盗取学校资产或师生财物。这类人员作案时往往携带作案工具，如螺丝刀、钳子、塑料插片等，作案时不留情面。

（3）内外勾结盗窃。内外勾结盗窃是指学校内部人员与校外社会人员相互勾结，在学校内实施的盗窃行为。这类案件的内部人员社会交往关系比较复杂，与外部人员都有一定的利害关系，往往结成团伙，形成盗、运、销一条龙。

#### 2. 校园盗窃案件的主要特征

一般盗窃案件有以下特征：盗窃分子实施盗窃前有预谋准备的窥测过程，盗窃现场通常遗留痕迹、指纹、脚印、物证等，盗窃手段和方法常带有习惯性，有被盗窃的赃款、赃物可查。由于客观场所和作案主体的特殊性，校园盗窃案件还有以下特点：

（1）时间上的选择性。

①上课时间。学生以学习为主，每天都有紧凑的课程安排，没有上课的学生大部分也在图书馆学习或进行课余活动。因此在上课期间，特别是上午第一、二节课，学生宿

舍里一般无人，盗窃分子一般都深知此规律，并抓紧这一时间作案，因此这一期间是外盗作案的高峰期。

②课间时间。课间休息仅10分钟，学生在下课后一般都会走出教室放松，很少有同学回寝室，内盗人员会利用此时机，在盗窃得手后继续回教室上课，给人以没有作案时间的假象。

③夜间熟睡后。经过一天的学习、活动，大家都比较疲惫，而且学校一般都有规定的熄灯时间，所以大家上床后会很快入睡。盗窃分子趁夜深人静、室内人员熟睡之际行窃，特别是学生睡觉时不关寝室门窗，这更是给盗窃分子创造了有利条件。

④新生入校时。新生刚入校时，彼此之间还不太熟悉，加之防范意识较差，偶尔有陌生人到寝室来也会以为是其同学的老乡或熟人，不加盘问，这给盗窃分子有可乘之机。

其他还有军训、学校举办大型活动等期间，学生宿舍活动人员少，易被盗；校园发生和处置突发事件时，人们注意力往往集中到某一点上而无暇顾及其他，盗窃分子此时是乘虚而入，浑水摸"鱼"。

（2）目标上的准确性。学校盗窃案件特别是内盗案件中，盗窃分子的盗窃目标比较准确。大家每天都生活、学习在同一个空间，加上同学间互不存在戒备心理，东西随便放置，贵重物品放在柜子里也不上锁，使得盗窃分子极易得手。

（3）技术上的智能性。在学校盗窃案件中，盗窃分子具有特殊性，高智商的人为多，有的可能还是学生。在实施盗窃过程中对技术运用的程度较高，自制作案工具效果独特先进，其盗窃技能明显高于一般盗窃分子。

（4）作案上的连续性。"首战告捷"以后，盗窃分子往往产生侥幸心理，加之报案的滞后和破案的延迟，盗窃分子极易屡屡作案而形成一定的连续性。

（5）手段上的多样性。盗窃分子往往针对不同环境和地点，选择对自己较为有利的作案手段，以获得更大的利益。

①顺手牵羊：是指盗窃分子乘人不备将放在桌椅上、床铺上等处的钱物信手拈来而占为己有。

②乘虚而入：是指盗窃分子趁学生不在、宿舍门抽屉未锁之机行窃。较之"顺手牵羊"，该手段盗窃数额更大，往往造成的损失更惨重。

③窗外钓鱼：是指盗窃分子用竹竿、铁丝等工具，在窗外或阳台处将室内衣物、皮包钩出，有的甚至利用钩到的钥匙开门入室进行盗窃。

④翻窗入室：是指盗窃分子利用房屋水管等设施条件翻越窗户入室行窃。盗窃分子窃得钱物后往往是堂而皇之从大门离去。

⑤撬门扭锁：是指盗窃分子利用专用工具将门上的锁具撬开或强行扭开，入室后又用同样的方法撬开抽屉、箱柜等。这是外盗分子惯用的主要手段，他们下手毫不留情，只要是值钱的东西都不放过。

⑥盗取密码：是指盗窃分子有意获取他人存折与信用卡密码并伺机到银行盗取现金。这类手法常见于内盗案件，并且以关系相好的同室或"朋友"作案较多。

（三）盗窃的预防

**1. 要牢固树立防盗意识，克服麻痹思想**

千万不要以为校园是太平世界，是保险箱。盗窃分子的眼光时时盯着校园，特别是盯着缺乏经验的学生。校园里时常有盗窃分子出入，学生中极个别人也有盗窃行为。因此，在防止盗窃时，既要防外贼，也要防内贼。

**2. 妥善保管好现金、存折、汇款单等**

现金最好的保管办法是存入银行，尤其是数额较大的要及时存入，绝不能怕麻烦。要就近储蓄，储蓄时加入密码。密码应选择容易记忆且又不易解密的数字，千万不要选用自己的出生日期做密码。这样，即使存折或银行卡被盗，盗窃分子也不容易取走钱，失主也有时间到银行挂失。身份证是最有效的证件，存折或银行卡丢失，可以凭身份证去挂失。因此，存款单据、汇款单据、存折及银行卡要同身份证、学生证分开存放，防止被盗窃分子同时盗走。因购买贵重物品而需要大额现金时，应当天取当天用，因故不能当天购物时，应将钱再存入银行，不要怕麻烦。

---

☆ **小贴士**

### 银行卡密码怎样设置更安全

银行卡设置安全的密码也有一些技巧可循。银行人士看来，安全地为自己的银行卡设置密码，大致可以注意以下几个技巧。

技巧1：不要沿用初始密码。一些单位在为职工办理工资卡等账户时，往往为卡片设置有初始密码，这类密码一般都非常简单。持卡人拿到这类卡片以后，应立即对密码进行修改。

技巧2：避免简单的数字。设置银行卡密码不要使用简单的数字，如相同的数字、连续的数字、自己的生日、电话号码等，尤其是不要使用开卡时的身份证上面的数字。

技巧3：使用不易被破译的密码。对于一个持卡人来说，设置银行卡密码时，最好使用与自己无关的数字，但不能使用很多人都知道的数字组合，如银行客服电话、电信客服电话等。

---

**3. 保管好自己的贵重物品**

贵重物品不用时，不要随便放在桌子上、床上，要放在抽屉、柜子里，并且锁好。寒暑假离校时应将贵重物品带走，或托给可靠的人保管，不要放在宿舍里，防止撬锁盗窃。贵重物品最好做上一些特殊记号，一旦被盗，报案时好说明，认领时也有依据，而且找回的可能性也大一些。

**4. 养成随手关窗锁门的好习惯**

离开宿舍时，要关好窗、锁好门，包括关好玻璃窗，因为仅仅一层窗纱不足以防盗。一个人在宿舍时，即便上厕所、上水房洗衣服，几分钟、十几分钟的时间即可回来，也要锁好门，防止被犯罪分子溜门盗窃。

5. 关于自行车防盗

学校里自行车被盗案时有发生，规模大的学校每年发生数百上千起，规模小的学校每年也发生上百起到数百起。要养成随手锁车的好习惯，尤其好车要严锁严管，最好存放在有人看管的车棚里。

### ✎ 小贴士

盗窃罪是指以非法占有为目的，秘密窃取数额较大的公私财物或者多次秘密窃取公私财物的行为。盗窃罪侵犯的客体是公私财物的所有权。所有权包括占有、使用、收益、处分等权能。盗窃罪侵犯的对象是公私财物，这种公私财物的特征是：①能够被人们所控制和占有。②具有一定的经济价值，这种经济价值是客观的，可以用货币来衡量的，如有价证券等。③能够被移动。④他人的财物。据有关统计，盗窃罪属于常见高发罪，是目前国内刑事犯罪案件数量最多的一种罪，约占80%。全国1985年以来的重大、特大刑事案件中，盗窃案约占50%。

### ▦ 课堂故事

2022年4月1日，某学校学生邓某偷盗同寝室同学赵某存放在一块的身份证和银行卡，套取了现金1300元。9月6日，某学校沈某某一本工商银行存折被同寝室同学张某某偷走，由于密码写在纸上并夹在存折内，沈某某被取走了现金500元。

此类案件属于内盗，大都与被侵害人对财物的保管不善有很大的关系。他们缺乏必要的安全防范措施，如将贵重物品随意乱放，银行卡、存折密码不保密，有的将密码记在备忘录上或夹带在存折内，有的告诉同寝室的同学或者要好的朋友，还有的将证件（身份证等）和存折、银行卡存放一块。"防人之心不可无"，对于新生而言，更应该保持警惕心，保管好贵重物品，密码不可泄漏，一旦丢失不要慌乱应立即挂失。

## 三、校园内外防劫

### （一）预防抢劫的措施

预防抢劫案件的发生，要从思想上引起高度的重视，严格遵守学校制定的有关安全规定，并自觉落实到具体的行动中，不给犯罪分子以可乘之机。

1. 校纪校规要记牢

为确保学生的安全，学校都有相应的纪律规定，如不得擅自在外租房、按时就寝不得晚归等。但总有一部分同学或晚归或夜不归宿，这样就给犯罪分子作案提供了机会。

2．外出结伴不独行

犯罪分子实施抢劫的对象多为独行的人。因此，为了保护自身安全，学生外出务必结伴而行，晚上最好不外出。

3．携带现金不要多

现金是犯罪分子抢劫的最主要目标，因此学生一定要将多余现金及时存入银行，学费最好通过银行汇兑，平时只带少量的零花钱。

4．偏僻小道不能走

根据学校抢劫案的特点，学生遭到抢劫多发生在比较偏僻、阴暗的地方。因而，为避免受不法侵害，同学们应该走校园内的大道，特别是在夜间，莫贪近路走偏僻小道。

5．校外网吧要少进

学生不要光顾校外网吧，因为一些不法分子在手头较紧时，往往会对经常出入网吧的学生实施抢劫。这类案件在校园周围常有发生。

（二）校园抢劫案件的特点

1．时间上的规律性

校园抢劫案一般发生在行人稀少、夜深人静及学校开学特别是新生入学时，具有一定的规律性。因为在行人稀少、夜深人静时，同学们往往孤立无援，而犯罪分子却人多势众，易于得手；学校开学时，同学们一般带有一定数量的现金，特别是新生入学时，有的新生及家长还带有较大数额的现金，为犯罪分子所垂涎。

2．地点上的隐蔽性

犯罪分子抢劫一般选择校园内较为偏僻或校园周边地形复杂、人少及夜间无路灯的地段。因为这些地方比较容易隐藏，不易被人发现，犯罪分子得手后也容易逃脱。

3．目标上的选择性

犯罪分子抢劫的主要目标是穿着时髦、携带贵重财物、独行的人及在无人地带谈恋爱的学生情侣等。

4．人员上的团伙性

一些犯罪分子往往臭味相投，三五成群，结成团伙，共同实施抢劫。他们有明确的分工，有的充当诱饵专门物色抢劫对象，有的专门充当打手，有的在抢劫前还进行了周密的预谋。

5．手段上的多样性

犯罪分子实施抢劫的手段通常有：对学生进行暴力威胁或言语恫吓，实施胁迫型抢劫；利用部分同学的单纯幼稚，设计诱骗学生上当，实施诱骗型抢劫；采用殴打、捆绑等行为实施暴力型抢劫；利用学生热情好客等特点，冒充老乡或朋友，骗得学生的信任，继而寻找机会用药物将学生麻醉，实施麻醉型抢劫；等等。

（三）遭遇抢劫时的应对措施

1．沉着冷静不恐慌

遭遇抢劫时，首先要保持镇定，克服畏惧、恐慌情绪；其次要有正义必然战胜邪恶的信念。只有这样，才能从精神和心理上压倒对方，继而以灵活的方式战胜对手。

### 2. 力量悬殊不蛮干

犯罪分子实施抢劫前，一般都做了相应准备，或人多势众，或以凶器相逼，有的同学由于生性刚烈，往往鲁莽行事，易被犯罪分子伤害。

### 3. 快速撤离不犹豫

俗话说"三十六计走为上"，如遇到抢劫时，对比双方力量，感到无法抗衡时，可看准时机向有灯光或人员集中的地方快速奔跑，犯罪分子由于心虚，一般不会穷追不舍，从而可有效避免抢劫案的发生。

### 4. 巧妙周旋不畏缩

当被犯罪分子控制无法反抗时，可先交出部分财物缓和气氛，再向犯罪分子进行法制宣传教育或晓以利害，造成犯罪分子心理上的恐慌而终止作案，或在犯罪分子心理开始动摇放松警惕时，看准机会反抗或逃脱。

### 5. 留下印记不放过

一旦遭遇抢劫，要注意观察犯罪分子，尽量准确地记下其特征，如身高、年龄、发型、体态、衣着、胡须、疤痕、语言及行为等，还可趁其不注意在其身上留下暗记，如在其衣服上擦墨水等，便于为公安机关侦破案件提供线索。

### 6. 大声呼救不胆怯

犯罪分子有其胆大妄为和凶悍的一面，更有其心虚的一面，只要同学们把握机会，及时呼救，一些抢劫案便可以得到有效的控制。

---

📖 **知识链接**

#### 校园盗窃案件发生的原因分析

（1）安全防范意识差。学生防范意识淡薄，对钱财和贵重物品保管不严，缺乏警惕性，为盗窃分子打开了方便之门。

（2）法治观念淡薄，缺乏自制力。有些学生不学法，不懂法，更谈不上守法，甚至把违法犯罪视为一般的道德问题。法治观念淡薄、道德水准低下的学生，极易走上犯罪道路。

（3）学校体制改革中出现的新情况。改革开放和联合办学为学校拓宽了办学渠道，为社会培养了大量人才，但也给学校治安工作带来了新问题。具体表现如下：①学校的后续管理功能相对落后，特别是治安管理机制不健全，防范措施不到位，最终导致案件的发生。②招生规模不断扩大，学生人数逐年递增，而这些生源素质差距大，层次复杂，并且相互交叉，流动性大，再加上学校的教育管理一时跟不上，以致学生成为学校盗窃案件的多发群体。③校园建设增多，涌进大量民工和临时工，这些人员素质各异，来源复杂，一些犯罪分子混杂其中，给校园治安管理增加了难度。

（4）学校内部的治安防范存在薄弱环节。①群防群治意识差。有些学生认为学校治安防范工作与自己无关，在这种思想的支配下，即使听到有人喊捉贼，也不愿出来帮忙。②门岗管理制度不严，各类车辆及社会闲杂人员随便进出学校。③校卫队员素质偏低。多数队员存在"临时"观念，对维护学校安稳难以充分发挥作用。④技术防范措施落实不到位，虽然有的学校已安装了防盗报警系统，但技术性能差，灵敏度低，起不到防范作用。

（5）破案率低，打击不力。学校盗窃案件多数属于小偷小摸，破案难度大；有的案件虽然破了，但赃物追不回来，达不到打击的目的。另外，学校保卫部门没有侦查权力，给破案造成了一定的困难。案发后不能及时侦破，盗窃分子逍遥法外，致使此类案件一再发生。

# 第四章

# 防范电信、网络诈骗

互联网在给人民群众的生活学习带来极大便利的同时，也被不法分子所觊觎，其利用各类电信网络诈骗伎俩侵害人民群众的合法权益，令人防不胜防。当前，电信网络诈骗犯罪已成为发案最多、上升最快、涉及面最广、人民群众反映最强烈的犯罪类型。尽管公安机关开展了持续不断的打击，但是受各种因素的影响，电信网络新型违法犯罪活动仍然快速发展蔓延，形势严峻、危害突出。电信诈骗团伙中，有专门成员负责编写诈骗剧本、紧跟社会热点，针对不同群体，量身定做、精心设计、编制骗术，其犯罪类型多，手段变化快。

📊 情境导入

2022年3月，李同学到保险公司柜面，申请办理保险合同的退保手续，工作人员通过查询发现李同学是保险合同的被保险人，投保人是其母亲张女士，于是告知李同学退保是需要投保人本人办理或是委托办理的。李同学表示回家跟母亲商量下再来办理退保手续。

次日，李同学和母亲张女士一同到保险公司要求办理退保手续，工作人员告诉张女士，这是一款分红型的终身保险，已经投保十多年了，退保太可惜，建议能够长期持有，并询问张女士退保的原因。工作人员通过沟通了解到，李同学沉迷网络游戏，给家里带来了严重的经济压力，于是李同学自己通过某"校园贷"线上程序贷了一笔3万元的"校园贷"用于网络游戏。半年后被催还钱时李同学发现因为"利滚利"，需要还款将近5万，李同学无力偿还，便开始拆东墙补西墙，陷入了"循环贷"，一年后贷款仍然没有还清。前几天，李同学突然想起来小时候家人给他买过一份保险，认为既然是家人买给自己的，那自己当然有权利把它退掉，于是有了之前发生的一幕。

听张女士说完，工作人员向张女士和李同学普及了非法"校园贷"的常识和危害，劝导李同学今后远离非法"校园贷"，建议张女士和李同学通过法律途径寻求帮助，同时希望张女士能够保留这份保险。但张女士经过认真考虑，仍坚持要求退保，随后工作人员协助张女士办理了退保手续。

✍ 情境点评

国家有关部门在《关于进一步规范大学生互联网消费贷款监督管理工作的通知》中要求："要强化金融知识宣传教育，将金融常识教育纳入日常教育内容，持续开展金融知识宣传。定期开展金融知识进校园活动，邀请金融监管机构、银行业金融机构开展知识讲座，阐述不良网贷危害、分析借贷'追星'等校园不良网贷案例，切实提高学生金融安全防范意识。"

"校园贷"具有审核快、到账快、手续简单便捷、高利息、高额逾期费等特点，沉重的息费等心理负担非常影响学生的学习和生活。"校园贷"实质上是父母在提供隐性的担保，大部分家长会选择为子女偿还，这对于困难的家庭，无疑是雪上加霜。"校园贷"的费用高，如中介费、咨询费、预先扣除的利息以及各种名目的收费，到手的可用资金少得可怜。"校园贷"的追债方式野蛮，恐吓、殴打、非法拘禁等暴力讨债行为严重威胁学生的人身安全。

本案中，李同学遇到的就是典型的非法"校园贷"，保险工作人员向张女士和李同学普及了关于非法"校园贷"的相关金融知识，并劝导李同学远离非法"校园贷"。

消费风险提示：

一是树立正确消费观念。弘扬勤俭节约美德，合理安排生活支出，树立科学理性的消费观。不超期消费、过度消费，不在吃穿用度上盲目攀比。

二是有效保护个人信息。增强自我保护意识，个人及家庭信息不外泄，不将自己的身份证、学生证借给他人使用，妥善保管银行卡信息和密码，不将短信验证码等信息告诉他人。

三是借款通过正规途径。如有借款需求，可去银行网点咨询、通过手机银行APP申请或拨打客服热线咨询。家庭经济困难的学生可申请办理助学贷款。

四是诚实守信。养成良好的信用习惯，维护好个人信用记录，按时足额还款，不恶意透支信用卡，不"以卡养卡"，积累"信用"财富。

五是发生问题理性维权。如果不幸遭遇了诈骗，一定要保持理智，寻求正确的解决途径，不要"以贷养贷"，更不要采取极端解决方式。要积极保留证据，保持与家长和学校的密切沟通，主动向公安、司法机关寻求帮助，借助法律手段维护自身合法权益。

> 📖 知识梳理

# 第一节　防范电信诈骗

电信诈骗是指犯罪分子通过电话、网络和短信方式，编造虚假信息，设置骗局，对受害人实施远程、非接触式诈骗，诱使受害人给犯罪分子汇款或转账的犯罪行为。

此类犯罪在原有作案手法的基础上手段翻新，犯罪分子冒充电信局、公安局等单位工作人员，使用任意显号软件、voip电话等技术，以受害人电话欠费、被他人盗用身份涉嫌经济犯罪、没收受害人所有银行存款等进行恫吓威胁，骗取受害人汇转资金。

## 一、电信诈骗的犯罪特点

### （一）犯罪活动的蔓延性比较大，发展很迅速

犯罪分子往往利用人们趋利避害的心理通过虚假电话地毯式地给群众发布虚假信息，在极短的时间内发布范围很广，侵害面很大，所以造成损失的面也很广。

### （二）信息诈骗手段翻新速度快

电信诈骗的犯罪特点

信息诈骗手段翻新速度很快，一开始只是用很少的钱买一个"土炮"弄一个短信，发展到现在网络上的任意显号软件、显号电台等，成了一种高智慧型的诈骗。诈骗借口从最原始的中奖诈骗、消费信息发展到绑架、勒索、电话欠费、汽车退税等。犯罪分子总是能想出五花八门的骗术，如"你猜猜我是谁"，有的甚至直接汇款诈骗，大家可能都接到过这种诈骗电话。大家可能会觉得很奇怪，这种骗术能骗到钱吗？确实能骗到钱。因为很多人在做生意，互相之间有钱款的来往，咱俩做生意说好了我给你打款过去，正好收到这个短信了，我就把钱打过去了。甚至有的

犯罪分子冒充电信人员、公安人员说你涉及贩毒、洗钱等，公安机关要追究你法律责任等各种借口。骗术在不断花样翻新，翻新的频率很高，有的时候甚至一两个月就产生新的骗术，令人防不胜防。

（三）团伙作案，反侦查能力非常强

犯罪团伙一般采取远程的、非接触式的诈骗方式，犯罪团伙内部组织很严密，他们采取企业化的运作，分工很细，有的专门负责购买手机，有的专门负责开银行账户，有的负责拨打电话，有的负责转账，下一个流程不知道上一个流程的情况。这也给公安机关的打击带来很大的困难。

（四）跨国跨境犯罪比较突出

有的犯罪分子在境内发布虚假信息骗境外的人，也有的常在境外发布虚假信息到国内骗中国老百姓，还有的境内外勾结连锁作案，隐蔽性很强，打击难度也很大。

## 二、电信诈骗的形式

诈骗犯罪花样翻新，防骗宣传年年讲天天讲，但还是有市民受骗上当。骗子越来越聪明了，让大家防不胜防。下面将介绍几种常见的电信诈骗形式。

（一）猜猜我是谁

此类诈骗犯罪中，犯罪分子通过不正当途径获取受害者的电话号码和机主姓名后，打电话给受害者，让其"猜猜我是谁"，随后根据受害者说的人名冒充该熟人身份，并声称要来看望受害者，当受害者相信以后，过几个小时或第二天再编造"嫖娼被抓""交通肇事"等理由，向受害者借钱，很多受害人没有仔细核实就把钱打入不法分子提供的银行账户。

### 课堂故事

某年10月27日16点，某校学生王刚（化名）接到一电话："你知道我是谁吗？明天上午9点到我办公室来一下。"王刚误以为对方是"黎老师"，说是不是"黎老师"，对方"嗯"了一下。"黎老师"是学校带毕业设计课的老师，平日里俩人素无来往，王刚接到电话时也略有吃惊，手机显示的是个陌生号码，但由于电话中的声音听起来有点像黎老师的声音，他也逐渐放松了戒备。

第二天上午8点多，电话里"黎老师"问王刚"来我办公室了没有"。可王刚快到学校教学楼时，电话再次响起，"黎老师"表示，自己在陪领导，想送点礼给领导，但由于领导拒绝接受现金，他提出让王刚通过网银向他指定的账户汇些钱，以完成这次送礼，回到办公室后他把现金还给王刚。

王刚当时面露难色，他告诉"黎老师"，自己目前账户只有1000块钱，可能无法支出更大的款项。"黎老师"在电话里欣然接受了这1000元，王刚于是在没有核对对方银行账户信息的情况下通过网银转出1000元。当王刚来到办公室后，办公室的老师告诉王刚，黎老师第一、二节正在上课，王刚方知被骗。

（二）电话欠费

此类诈骗犯罪中，犯罪分子冒充电信局工作人员向受害人拨打电话告知其电话欠费，或者直接播放电脑语音，称受害人身份信息可能被冒用登记了欠费电话。随后犯罪分子让同伙假冒公、检、法人员接听或打来电话，称受害人名下的电话和银行账户涉嫌洗钱等犯罪活动，目前司法机关正在秘密调查中，为确保受害人不受损失，让受害人将银行存款尽快转移到所谓的安全账号。犯罪分子通过电话逐步指引受害人进行转账操作，达到诈骗目的。

（三）破财消灾

此类诈骗犯罪中，犯罪分子通过非法途径获取受害人手机号码和相关资料，如汽车牌照号等，打电话给受害人，自称黑社会人员，受人雇佣要伤害受害人，但受害人可以破财消灾，然后提供账号要求受害人汇款。

（四）购车退税

此类诈骗犯罪中，犯罪分子通过各种渠道获取受害人购买汽车资料后，以短信、拨打电话的方式，冒充税务局工作人员，谎称要退税。在骗取受害者信任后，以银行ATM机上转账操作退还费用为由，要求受害人将钱转存到其指定的银行卡，骗走受害人账户内钱款。

> **课堂故事**
>
> 2022年5月11日，自称市税务局的人给吴某打电话称：吴某刚买的小车按照国家规定可以享受退税政策，并要求吴某打电话给省税务局去核实。吴某随后便打电话到"省税务局"，对方要求吴某按其电话中的提示找一个ATM机进行操作后便可以将退税款退至银行卡上。因吴某银行卡上没钱，对方便告知吴某必须将一定数额的钱款存到银行卡账户内方可进行操作，于是吴某按对方的提示操作一遍后对方又说不成功，需再对银行卡进行存钱后再操作，就这样，吴某先后六次在ATM机上操作，共被转账六万余元。

（五）刷卡消费

此类诈骗犯罪中，犯罪分子通过短信提醒手机用户，称该用户银行卡刚刚在某地（如××商场、××酒店）刷卡消费5899或6995元等，如用户有疑问，可致电××××号码咨询。在用户回电后，其同伙即假冒银行客户服务中心谎称该银行卡可能被复制盗用了，利用受害人的恐慌心理，要求受害人到银行ATM机上进行所谓的加密操作，逐步将受害人卡内的款项转到犯罪分子指定的账户，达到诈骗的目的。

（六）低价购物

此类诈骗犯罪中，犯罪分子向受害人发送出售二手车、窃听器等虚假信息，短信内容一般为："本集团有九成新套牌车（本田、奥迪、奔驰等）在本市出售。电话××××××××。"待受害人拨打联系电话想要购买时，犯罪分子提出必须交定金才能进一步办理，要求受害人向指定的账号汇款，从而达到诈骗的目的。

（七）招聘公关

此类诈骗犯罪中，犯罪分子通过群发信息，以高薪招聘"公关先生""公关小姐"等为幌子，要求受害人到指定酒店面试。当受害人到达指定酒店再次拨打电话联系时，犯罪分子并不露面，声称已经看到受害人，已通过面试，向指定账户汇入一定培训、服装等费用后即可上班，从而达到骗取钱财的目的。

（八）引诱汇款

此类诈骗犯罪中，犯罪分子以群发短信的方式，将"请把钱打到银行卡里，卡号……"等短信内容发出。有的受害人碰巧正打算汇款，收到此类汇款诈骗信息后，未经仔细核实，便将钱直接汇到犯罪分子提供的银行账号上。

（九）呼通即停

此类诈骗犯罪中，犯罪分子拨通受害人手机响一声后马上挂断，若受害人回拨该号码，就会产生高额的话费，或者在受害人回电后录音提示："欢迎致电香港六合彩……"谎称可为彩民、股民提供准确的中奖或内部信息，只需向指定账户汇入钱款，即可得到中奖号码或内部消息，以此骗取钱财。

（十）虚假绑架

此类诈骗犯罪中，受害人接到呼救电话，里面孩子声音喊爸或妈快救我。犯罪分子接过电话谎称已经绑架受害人孩子，交赎金放人。有的受害人子女不在身边，一时紧张顾不上向子女核实，按犯罪分子指令向其账户上打款。

（十一）冒充领导

此类诈骗犯罪中，犯罪分子通过不正当途径获知上级机关、监管部门等单位领导的姓名、办公室电话等有关信息，假冒领导秘书或工作人员等身份打电话给基层单位负责人，以推销书籍、纪念币等为由，让受骗单位先支付订购款、手续费等到指定银行账号，实施诈骗活动。

（十二）虚假中奖

此类诈骗犯罪中，犯罪分子以活动抽奖为由，通过拨打电话或手机短信的方式通知受害人中了大奖，一旦受害人相信后回复查询，便称兑奖必须另外缴纳所得税、手续费等各种名目费用，否则不予兑奖，通过电话指引受害人汇款至其提供的账户。

（十三）冒充公安

犯罪分子通过批量发送短信或随机拨打电话，冒充银行工作人员，称受害人办理的信用卡被透支、被消费或称受害人办理的银行卡要扣除年费等，在受害人拨打其提供的客服电话（银联电话）后，假称受害人的身份信息泄露有可能被他人冒用，导致资金不安全或被人使用从事违法犯罪活动。骗取受害人信任后，犯罪分子即以提供账户升级、密码保护等为由，要求受害人在ATM机上按提示进行转账。一种变形诈骗手段是犯罪分子冒充公安等政府部门称受害人银行卡被人使用涉及洗钱案、毒品案，如不及时汇款就会被起诉或接受调查、交纳保证金，受害人因害怕而主动进行转账，有的甚至把全部存款转入犯罪分子提供的所谓"安全账户",该类案件往往损失较大。

（十四）帮助贷款

通过发送短信称可提供低息或免息贷款，受害人与其联系后，对方就以先汇款至指定账户证明有偿还能力等方式实施诈骗。犯罪分子还通过发送短信称原来的银行卡已坏或直接要求汇款等，使受害人误以为是近期需要还款或借钱的熟人，而将钱款汇入犯罪分子的账户中，从而受骗。

（十五）教育退费

这种诈骗一般在开学后实施，具有一定的阶段性，多发于7~10月。犯罪分子通过拨打电话，冒充教育局工作人员，以可以退回部分学费或学生考取大学后可以退还义务教育相关费用等为名，要求受害人在ATM机上进行操作，称将退款转至受害人银行卡上。

## 三、防范电信诈骗的措施

根据现实发生、办案机关掌握及媒体报道等情况来看，在电信诈骗中受害人常见的几种心理类型如下：①利用人们恐惧财产安全心理诈骗；②利用人们恐惧人身安全心理诈骗；③利用人们恐上、贪欲、疏忽心理诈骗。所以，针对以上几种情况，以及发案的时空、技术特点，可采取相应策略加以防范。

（一）遇事别慌、克服恐惧、沉着应对——"理性"原则

无论发生了什么事情，恐慌都不能解决问题，反而可能会使采取的措施不妥。假若得到出乎意料的信息，首先给自己3秒钟的时间冷静一下，做一次深呼吸，然后理性地考虑一下信息的真实可靠性，如无疑问再决定采取哪些措施，至少通过另外一条途径对信息进行核实，或者找自己同学或者辅导员老师商量一下，千万不能被恐惧心理压倒，最好不要根据一条渠道的信息、自己一个人就匆忙地做出决定，以防信息不足、考虑不周、忙中出错、受骗上当。

（二）战胜诱惑、不捡便宜、不走捷径——"控欲"原则

人们常说诱惑考验定力。缺少足够的定力就容易受骗上当。君子爱财、取之有道。不贪便宜、不要小聪明走捷径，天上掉下馅饼也不捡，骗子就会很难得逞。天下没有免费的午餐。抱着一颗平常的心对待任何的信息、分析任何的信息，控制了欲望、抵住了诱惑，骗子的伎俩就很容易被戳穿，打上一个电话、见上一个人或者再沉得住一分钟，骗子就会露馅，一线的阳光就会照射出骗子的真实嘴脸。

（三）用心负责、仔细认真、杜绝大意——"踏实"原则

俗话说利令智昏，但有时候虽然无利人们也可能不清醒。例如，人们在做某些事时，心恰好处于一种飘飘然状态，稀里糊涂地就把事做出来了，事后回想起来鬼使神差一般。这是心情没有踏实下来的表现。如果认真思考，谨慎从事，避免疏忽大意就会很少犯错。骗子往往故意制造紧张气氛，利用人们慌乱着急或疏忽大意的机会行骗，因此树立起一种踏踏实实做事的作风，对于防诈骗是很有益处的。

除了上述防范策略之外，公安机关提示的"三不一要"也是非常值得参考借鉴的。"三不一要"，即不轻信、不透露、不转账，要及时报案，具体地说就是不轻信来历不明的电话和手机短信息，不随意透露自己及家人的身份信息、存款、银行卡等情况，不向陌生的人汇款、转账，发现被骗立即向公安机关报案。只要提高警惕，加强自我防范，就能够防止上当受骗。

## 第二节　防范网络诈骗

网络诈骗是指以非法占有为目的，利用互联网采用虚构事实或者隐瞒真相的方法，骗取数额较大的公私财物的行为。其花样繁多，行骗手法日新月异，常用手段有假冒好友、网络钓鱼、网银升级诈骗等，主要特点有空间虚拟化、行为隐蔽化等。

### 一、网络诈骗的特点

#### （一）犯罪工具高科技化，作案过程非接触化

作案成员借助计算机网络及电话等聊天通信工具，使用任意显号软件、VOIP网络电话等技术手段，分号码段对各地区进行扫荡式群发QQ消息、电子邮件或群拨网络电话。

#### （二）作案目标具有不特定性，资金流向具有复杂性

该类案件的诈骗对象范围较广，其诈骗行为的实施并不具有针对性。犯罪分子在某一段时间内集中向某一号段或者某一地区拨打固定电话、发送手机短信、发送电子邮件和网上群发各类宣传消息。

#### （三）作案依托网络技术，手段呈现智能化

犯罪分子实施诈骗所使用的网址为花钱找专门技术人员制作的虚假网站，该网站套用正规购物网站样式制作，一般家庭电脑如不安装360及其他带有防范提示软件的浏览器或使用者缺乏网络知识根本无法辨认真假。

#### （四）作案过程具有隐蔽性，作案时间短

犯罪分子没有任何的办公地点，有的就是一个互联网平台和绑定多个电话的一号通，可以很好地隐蔽犯罪身份，而且此类诈骗案件的犯罪分子仅是通过使用通信工具与受害人进行联系，与受害人不进行面对面的直接接触，受害人对犯罪分子的了解仅限于电话号码和银行账号。

#### （五）跨省市、跨区域流动作案，新类型有组织犯罪呈公司化专业化管理

网络电信诈骗团伙已经具有明显的职业化特征，诈骗的各个环节呈现越来越专业化的趋势，即搭建诈骗网络电话平台、拨打诈骗语音电话、到银行开户卖卡、提取转移诈骗赃款等各个环节都有人专门负责，形成一整条的地下"产业链"。犯罪分子采取A地设立网络电信指挥终端服务器基地，B地拨打电话、发送网络短信、电子邮件及QQ等网络消息，C地设立虚假网络IP地址转移到D地，E地实施电信诈骗犯罪行为，F地转款

转账，G地取款套现，等等。

## 二、网络诈骗常见类型

### （一）网络购物诈骗

犯罪分子在互联网交易平台开办网店，或直接开设购物网站，兜售远低于市场价格的商品，为增加可信度，常声称商品来自走私、罚没、赃物等非正常渠道。网购者若信以为真，轻易汇出钱款，则极有可能有去无回。

### （二）网络钓鱼诈骗

"钓鱼"网站通常伪装成银行网站或电子商务网站，一旦访问者通过该网站进行交易，其账号和密码就会被窃取，该类网站一般通过电子邮件或上网聊天工具传播。"钓鱼"网站的网址伪装成类似于真实网站的网址，登录页面与真实网站页面几乎一致，极具欺骗性。

### （三）冒充亲友诈骗

犯罪分子通过欺骗或黑客手段获取了受害人的QQ号码、邮箱等上网联络方式，冒充受害人亲友向其借钱，有的甚至将受害人亲友的视频聊天录像播放给受害人观看，并以电脑声音故障为由，文字聊天，骗取受害人信任并诈取钱财。

---

☆ **小贴士**

**防止"黑客"攻击的十种办法**

◆ 要使用正版防病毒软件并且定期将其升级更新，这样可以防"黑客"程序侵入电脑系统。

◆ 如果使用数字用户专线或是电缆调制解调器连接互联网，就要安装防火墙软件，监视数据流动。要尽量选用最先进的防火墙软件。

◆ 不要按常规思维设置网络密码，要使用由数字、字母和汉字混合而成，令"黑客"难以破译的口令密码。另外，要经常性地变换自己的口令密码。

◆ 对不同的网站和程序，要使用不同的口令密码，不要图省事使用统一密码，以防止被"黑客"破译后产生"多米诺骨牌"效应。

◆ 对来路不明的电子邮件或亲友电子邮件的附件或邮件列表要保持警惕，不要一收到就马上打开。要先用杀病毒软件查杀，确定无病毒和"黑客"程序后再打开。

◆ 要尽量使用最新版本的互联网浏览器软件、电子邮件软件和其他相关软件。

◆ 下载软件要去声誉好的专业网站，既安全又能保证较快速度，不要去资质不清楚的网站。

◆ 不要轻易在网站留下你的电子身份资料，不要允许电子商务企业随意储存你的信用卡资料。

◆ 只向有安全保证的网站发送个人信用卡资料，注意寻找浏览器底部显示的挂锁图标或钥匙形图标。

◆ 要注意确认你要去的网站地址，注意输入的字母和标点符号的绝对正确，防止误入网上歧途，落入网络陷阱。

### （四）就业招聘诈骗

犯罪分子在各大网站论坛发布虚假招聘信息、设立虚假的某大型企业招聘网站，以向求职者索要手续费、介绍费、押金等为名实施诈骗。

### （五）虚假中奖诈骗

犯罪分子利用QQ、微信等社交聊天工具或一些不法网站以一些知名公司或网站名义发布虚假中奖信息，利用一些人贪小便宜或好奇、侥幸心理等，以"特等奖""幸运奖"高奖金和笔记本电脑或其他数码奖品为诱饵，借"公证费""手续费""保险费"等名目骗取网民钱财。

### （六）炒股诈骗

犯罪分子通过建立炒股交流群、炒股网站或者通过媒体广告、电话（短信）推销等形式，精心策划陷阱，以委托理财，收取"服务费、咨询费、顾问费、会员费，代顾客炒股可获得高额利润"等名义，诈骗股民的大量钱财。

### （七）彩票预测诈骗

犯罪分子开设彩票预测网站，以有内幕消息、权威预测等为名，大肆吹嘘其历史预测成绩，诱骗网民汇款加入成为会员。

### （八）私募基金诈骗

犯罪分子在网上广发信息，声称由某国政府证券交易机构和国际知名投资公司联合推出的"海外网络私募基金"，具有国家认证和审批证书，月回报率极高，短时间内能拿回本金，以后年年有分红，吸引网民投资。

### （九）买卖虚拟游戏装备诈骗

犯罪分子在众多热点网络游戏网站，向游戏玩家兜售各种游戏装备、点卡或声称提供游戏代练服务，且实行明码标价，价格从几十元到几千元不等。但当游戏玩家将钱如数汇入对方银行账户后，对方从此消失。

### （十）网上改号打电话诈骗

犯罪分子利用电脑改号软件冒充"司法机关号码"或"电信部门号码"，拨打家庭电话或手机，以"电话欠费"或"身份证或银行账户泄漏，被犯罪分子所用，司法部门正在调查"为由，诱骗受害者将银行账户内资金转到犯罪分子账户。

## 三、网络诈骗防范技巧

### （一）不贪便宜

虽然网上东西一般比市面上的东西要便宜，但对价格明显偏低的商品还是要多个心眼，这类商品不是骗局就是以次充好，所以一定要提高警惕，以免受骗上当。

### （二）使用比较安全的财付通、支付宝、U盾等支付工具

调查显示，网络上80%以上的诈骗是因为没有通过官方支付平台的正常交易流程进行交易。所以在网上购买商品时要仔细查看、不要嫌麻烦，首先看看卖家的信用值，再看商品的品质，其次要货比三家，最后一定要用比较安全的支付方式，而不要怕麻烦采取银行直接汇款的方式。

### （三）仔细甄别，严加防范

那些克隆网站虽然做得惟妙惟肖，但若仔细分辨，还是会发现差别的。一定要注意域名，克隆网页再逼真，与官网的域名也是有差别的，一旦发现域名多了"后缀"或篡改了"字母"，就一定要提高警惕了。特别是那些要求提供银行卡号与密码的网站更不能大意，一定要仔细分辨，严加防范，避免不必要的损失。

### （四）千万不要在网上购买非正当产品

千万不要在网上购买非正当产品，如手机监听器、毕业证书、考题答案等，要知道在网上叫卖这些所谓的"商品"，百分百是骗局，千万不要抱着侥幸的心理，更不能参与违法交易。

### （五）凡是以各种名义要求你先付款的信息，请不要轻信

不要轻易把自己的银行卡借给他人。自己的财物一定要在自己的控制之下，不要交给他人，特别是陌生人。

### （六）提高自我保护意识，注意妥善保管自己的私人信息

注意妥善保管自己的私人信息，如本人证件号码、账号、密码等，不向他人透露，并尽量避免在网吧等公共场所使用网上电子商务服务。

### （七）其他网络安全防范措施

安装防火墙和防病毒软件，并经常升级；注意经常给系统打补丁，堵塞软件漏洞；禁止浏览器运行JavaScript和ActiveX代码；不要浏览一些不太了解的网站，不要执行从网上下载后未经杀毒处理的软件，不要打开MSN或者QQ上传送过来的不明文件，等等，加强对各类QQ病毒的防范和清除措施。

---

### 🔗 知识链接

#### 电信诈骗立案标准

关于《中华人民共和国刑法》第二百六十六条诈骗罪的立案标准：因诈骗罪是数额犯，行为人采用诈骗的方式骗取公私财物必须达到"数额较大"的标准，才构成诈骗罪，予以立案追究。

在1997年新《中华人民共和国刑法》实施前，最高人民法院于1996年12月颁布的《关于审理诈骗案件具体应用法律的若干问题的解释》（以下简称司法解释），对于个人诈骗的"数额较大、数额巨大和特别巨大"分别定为"2000元以上、3万

元以上和20万元以上"。对于单位犯诈骗罪的，诈骗数额在5万元至10万元的和诈骗数额在20万元至30万元的，分别适用量刑。该司法解释中确定的诈骗罪量刑数额标准，一直到2011年4月8日由最高人民法院和最高人民检察院联合颁布的《关于办理诈骗刑事案件具体应用法律若干问题的解释》（法释〔2011〕7号）（以下简称联合司法解释）所取代。从1997年刑法实施后至今，随着经济和社会形势的变迁，《中华人民共和国刑法》又陆续进行了多次修订。同时各种新型的诈骗活动猖獗，特别是利用电信、互联网、银行卡等相结合的诈骗团伙案件增多，此类案件涉及受害人众多，受害人、犯罪分子和作案工具都可能存在跨省、跨境甚至跨越国界的现象，社会影响恶劣。为适应新的形势，最高人民法院和最高人民检察院出台了上述联合司法解释。

联合司法解释中第一条规定："诈骗公私财物价值三千元以上、三万元以上、五十万元以上的，应当分别认定为刑法第二百六十六条规定的'数额较大''数额巨大''数额特别巨大'。"

各省、自治区、直辖市高级人民法院、人民检察院可以结合本地区经济社会发展状况，在前款规定的数额幅度内，共同研究确定本地区执行的具体数额标准，报最高人民法院、最高人民检察院备案。

因此，公民因为误信短信、电话、网络、广播电视、报纸杂志内容而上当受骗的，被诈骗金额在3000元以上的，就符合该联合司法解释的诈骗罪立案追诉标准，如果就此向当地公安机关报警的，公安机关应该受理。

第五章

# 网络与信息安全

开篇导读

　　网络与信息安全是指计算机、网络系统的硬件、软件以及系统中的数据受到保护，不因偶然的或恶意的原因而遭到破坏、更改、泄露，确保系统能连续和可靠地运行，使网络服务不中断。广义地说，凡是涉及网络上信息的保密性、完整性、可用性、真实性和可控性的相关技术和理论，都是网络安全所要研究的领域。

某校刘同学在某网站上浏览到一部手机只要780元，该机市场售价在2000元左右。刘同学在网站上获得了卖家的QQ号，便与对方取得联系。刘同学想了解一下该网站商品"低价的内幕"，卖家告诉他，因为产品为"海关没收的走私产品"，所以价格比"水货"（走私货）还低。这个解释让刘同学放松了警惕，因为刘同学要购买两部，最后以750元一部的价格成交。对方要求刘同学先将部分货款汇到账上，他们会在两天内通过快递发货，待收到货以后再付余款。刘同学在汇出了一半货款750元后，很快就接到了卖家的电话，说款已收到，他们将尽快将手机寄出。但是刘同学在等待多日后也不见手机送货上门，就打电话过去询问，此时卖家的电话号码已经变为空号，QQ也不再上线。

【情境点评】

上述案例中，骗子主要通过虚标价格和介绍产品为海关罚没品的手段让买家没有了戒备心。因此研究一个卖家的信用是非常重要的。同时要了解清楚产品是否为正品，弄清楚其经营网站的合法性，归结起来就是"看清"和"坚持"两方面。

【知识梳理】

## 第一节　网络不良信息与网络病毒

### 一、网络不良信息

在互联网发展的早期，网上的不良信息还是以"知识型"信息为主，但是随着互联网的不断发展，当上网成为人们生活、工作、娱乐中不可缺少的一部分时，不良信息也随之发生了很大的变化。特别是近几年，不良信息开始从单纯的"知识型"信息向"谋利型"转变，而且手段多样、形式复杂，其中不乏很多违反法律、违反道德的信息。

（一）不良信息的类型

1. 违反法律类信息

违反法律类信息是指违背《中华人民共和国宪法》和《全国人大常委会关于维护互联网安全的决定》《互联网信息服务管理办法》所明文严禁的信息以及其他法律法规明文禁止传播的各类信息。

不良信息的
类型

互联网上的违反法律类信息涉及很多种类，大致包括：淫秽、色情、暴力等低俗信息，赌博、犯罪等技能教唆信息，毒品、违禁药品、刀具枪械、监听器、假证件、发票等管制品买卖信息，虚假股票、信用卡、彩票等诈骗信息，以及网络销赃等多方面内容。最为突出的就是淫秽色情类低俗信息。

淫秽色情类信息是目前互联网上危害最大的违反法律信息，多以庸俗和挑逗性标题吸引点击，其内容包括表现人体性部位、性行为，具有侮辱性的图片、音视频、动漫、文章等，也包括非法的性用品广告和性病治疗广告，还包括色情交易、不正当交友等信息，以及走光、偷拍、露点等利用网络恶意传播他人隐私的信息。

### 2. 违反道德类信息

违反道德类信息是指违背社会主义精神文明建设要求、违背中华民族优良文化传统与习惯以及其他违背社会公德的各类信息，包括文字、图片、音视频等。法律是最低标准的道德，道德是最高标准的法律。虽然违反道德类信息仅违背一般的道德准则，会受到主流道德规范的谴责和约束。但是违反道德类信息一旦"过头"，造成了严重的后果和影响，就很容易演变为"违反法律类"信息。其主要类型包括以下六种。

（1）由性保健、性文学、同性恋、交友俱乐部以及人体艺术等内容构成的成人类信息。

（2）与暴露隐私相关的信息。

（3）容易引起社会争议、钻法律空子的"代孕""私人伴游""赴香港产子"等信息。

（4）"代写论文""代发论文"等学术造假、学术腐败信息。

（5）与风水、占卜相关的迷信类信息。

（6）与黑客技术交流、强制视频软件下载等相关的披着高科技外衣的信息。

### 3. 破坏信息安全类信息

破坏信息安全类信息是指含有病毒、木马、后门等对访问者电脑及数据构成安全威胁的信息。病毒的网络化使得网页浏览成为病毒传播的最主要渠道，网页挂马占到病毒传播总量90%以上。而且，由于应用软件漏洞、浏览器插件漏洞等频发，仅依靠网民自身的安全意识，很难应对这类高风险信息。其主要特征如下。

（1）隐蔽。打开此类信息后不会有什么特别之处，但在浏览内容时，暗含在网页中的木马、病毒、插件等恶意程序已经进驻网民的电脑中了。

（2）诱惑。此类信息往往很具有诱惑力，多以明星照片、成人信息、免费下载为诱饵，吸引网民点击进入。

（3）短时。此类信息的存在时间很短，因为发布者多数是攻击了合法网站，在其网页中加入恶意程序代码进行传播，一旦被发现就会很快被修复。

### （二）网络不良信息产生的原因

#### 1. 不良信息的赚钱魔力

互联网是"眼球"经济，在残酷的商业竞争中，不少网站经营者开始利用不良信息吸引网民的"眼球"，以达到赚钱的目的。

#### 2. 网络信息的制造和访问缺乏监管

网民既是信息的阅读者也是制造者，但是面对不良信息，他们既成了受害人又成了违法人。

3.非民主力量的"别有用心"

一些反人类、反民主的力量也同样存在于互联网上，不法分子通过不断传播不良信息以达到个人目的。

（三）网络不良信息的危害

1.从生理上看

学生正处在长身体时期，长时间坐于电脑前，会使他们腰肌受损，视力下降，精神疲惫，而且长期受到电磁射线的辐射，对学生身体的正常发育有破坏作用，极易使学生患网络成瘾症。网络成瘾症患者年龄一般介于15～45岁，而学生患病比例远远高于成年人。其主要表现是对网络操作失控，且随着兴趣的增强欲罢不能。网络成瘾症可造成人体自主神经紊乱，使体内激素水平失衡，免疫功能降低，引发紧张性头痛、焦虑、忧郁等，重者甚至可导致死亡。因此，也有人把网络成瘾归纳为精神障碍的子类型。

2.从心理和思想行为看

学生有着极强的好奇心和模仿欲，但由于其身心发育尚未成熟，缺乏基本的分析、判断和辨别能力，极易受外界不良信息的诱惑和影响。近几年强奸、伤害等犯罪的增加，与网络上大肆传播含有淫秽、色情、暴力、凶杀等内容的信息不无关系。虽然互联网带给人们的是虚拟的世界，但虚拟的互联网带给学生的却是实实在在的伤害。有法律专家指出，网络中的不良信息已成为诱发学生犯罪的重要因素。

3.从学生的社会责任感看

在网络世界里，人们可以海阔天空地大吹大擂在无形中助长了学生网民撒谎的"本领"，并使其觉得撒谎是很正常的。这种观念一旦形成，学生就会在现实生活中也对周围的人撒谎。社会主义和谐社会从根本上说是诚信社会，而学生一旦缺乏诚信，对于社会来说将是十分可怕的。

（四）抵制网络不良信息

1.加强网络立法，规范网络市场

从法律的角度看，对于网络管理我国尚无专项的法律规定，虽然《中华人民共和国刑法》第二百五十八至二百五十七条对有关犯罪行为进行了规定，但是表述的内容并不周延，且缺乏可操作性，这既使全社会抵制网络负面影响缺乏依据，又给司法工作带来极大的不方便。针对当前互联网发展过程中出现的利用网络传播病毒、色情及网络短信"陷阱"等信息安全问题，政府应加快出台相关管理法规。

从管理的角度看，目前我们还没有建立一套行之有效的网络管理机制，对网上信息的生产、监督及违规的处理，尤其是对那些垃圾信息和间接渠道出现的非健康网站的信息缺少可行的管理办法。对此，政府应担负起统筹决策、宏观管理的职责，建立网警执法队伍，对互联网的不良信息实施有效监控。

2.加强网上思想文化建设，建立青少年网站

互联网是一个多种文化相互冲撞与整合的世界，青少年在网上可以感受到多种文化

的熏陶，可以享受到人类文明所创造出的各种优秀成果。我们既要向青少年提供传统文化的精神食粮，又要引导他们正确利用人类社会的优秀文化成果，还要增强他们的"免疫力"，消解网络上西方意识形态的无形渗透。针对青少年的身心发展特点和兴趣爱好，应充分利用网络多媒体的功能，尽快建立并完善一批真正适合青少年的网站，为青少年提供一个具有科学性、知识性、趣味性的网络空间。对于青少年关心的如恋爱问题、心理问题、人际交往等问题，要开设相关的栏目、主页或专题讨论，吸引青少年网民进行访问。同时，应在技术上提高青少年网站的网络防控能力，通过技术屏障和过滤，防止网络色情、赌博、暴力等有害信息的侵入，全方位地为青少年网上健康之行护航。

3. 学校要加强网络法制教育和网络道德教育

网络世界是复杂的、多样化的，反映在学生身上也各有不同。对于不良网络信息，从学校角度看，一是要强化网络法制教育，教育广大学生认真守法，增强网上法治观念，指导他们学会选择，明白在网络世界里什么行为是合法的，什么行为是非法的，从而形成正确的价值判断能力，保证网络世界的各种活动有序健康地进行；二是在德育课中补充网络道德教育方面的内容，帮助学生形成对网络道德的正确认知，增强学生的网络道德观念。三是针对部分学生网络成瘾问题，要建立救助网站，提供专业化的心理咨询和指导援助热线，帮助广大学生网民认清网络成瘾的原因及危害，学会辩证地处理现实生活和虚拟生活的关系，达到心理上的平衡，还要开展丰富多彩的文体活动，组织学生参加社会实践等。

4. 家长要以身作则，加强对子女的指导和监督

计算机和网络对于很多家长来说是陌生的，为了孩子的健康成长，家长应加强对网络知识的学习，了解基本的电脑和网络知识，特别是一般的操作技能。这样才能与孩子在网络方面有共同的话题，也才能有针对性地做好疏导工作。对于孩子在家中的上网活动，家长既不能任其遨游、放任不管，也不能因噎废食、完全禁止，而是应控制孩子的上网时间。家长可以在家用电脑上安装防黄、扫黄软件，避免孩子主动或被动地遭受网络不良信息的侵害；平时要多了解孩子常访问网站的情况，掌握辨别安全网站与不良网站的技能，并尽可能地与孩子一起上网，一起沟通，用成年人的经验帮助孩子远离网上垃圾；尤其是在孩子遭遇挫折时，应给予关怀和帮助，而不是让孩子到网上去寻求安慰。

此外，社区等基层组织的作用也是非常重要的，因篇幅所限，不再论述。

> **思政小课堂：**
> 　抵制网络不良信息对学生身心发展的影响，是社会共同的责任。国家、学校和家庭都要承担起各自相应的职责。

## 二、网络病毒

广义上认为，可以通过网络传播，同时破坏某些网络组件（服务器、客户端、交换

和路由设备）的病毒就是网络病毒。狭义上认为，局限于网络范围的病毒就是网络病毒，即网络病毒应该是充分利用网络协议及网络体系结构作为其传播途径或机制，同时网络病毒的破坏应是针对网络的。

（一）网络病毒的类型及其特点

1. 网络病毒的分类

从不同的角度看，网络病毒有不同的分类方式。

（1）从功能区分，网络病毒可以分为木马病毒和蠕虫病毒。木马病毒是一种后门程序，它会潜伏在操作系统中，窃取用户资料如QQ、网上银行密码、游戏账号密码等。蠕虫病毒相对来说要先进一点，它的传播途径很广，可以利用操作系统和程序的漏洞主动发起攻击，每种蠕虫病毒都有一个能够扫描到计算机当中的漏洞的模块，一旦发现后立即传播出去，由于蠕虫的这一特点，它的危害性也更大，它可以在感染了一台计算机后通过网络感染这个网络内的所有计算机，被感染后，蠕虫病毒会发送大量数据包，所以被感染的网络速度就会变慢，也会因为CPU、内存占用过高而产生或濒临死机状态。

（2）从传播途径区分，网络病毒可以分为邮件型病毒、漏洞型病毒两种。相比较而言，邮件型病毒更容易清除，它是由电子邮件进行传播的，病毒会隐藏在附件中，伪造虚假信息欺骗用户打开或下载该附件，有的邮件病毒也可以通过浏览器的漏洞来进行传播，这样，用户即使只是浏览了邮件内容，并没有查看附件，也同样会让病毒乘虚而入。漏洞型病毒应用最广泛的就是Windows操作系统，而Windows操作系统的系统操作漏洞非常多，微软会定期发布安全补丁，即便你没有运行非法软件或不安全连接，漏洞性病毒也会利用操作系统或软件的漏洞攻击你的计算机，如2004年风靡的冲击波和震荡波病毒就是漏洞型病毒的一种，它们造成全世界大量网络计算机的瘫痪，由此也给全世界造成了巨大的经济损失。

2. 网络病毒的特点

（1）感染速度极快。单机运行条件下，病毒仅仅会经过软盘来从一台计算机感染到另一台，但在整个网络系统中能够通过网络通信平台迅速扩散。结合相关的测定结果，就PC网络正常运用情况下，若一台工作站存在病毒，便会在短短的十几分钟之内感染几百台计算机设备。

（2）扩散面极广。在网络环境中，病毒的扩散速度很快，且扩散范围极广，会在很短时间内感染局域网之内的全部计算机，也可经过远程工作站把病毒在短暂时间内快速传播至千里以外。

（3）传播形式多元化。对于计算机网络系统而言，病毒主要是通过"工作站—服务器工作站"的基本途径来传播。然而，病毒传播形式呈现多元化的特点。

（4）无法彻底清除。若病毒存在于单机之上，可采取删除携带病毒的文件或格式化硬盘等方式来彻底清除掉病毒，若在整个网络环境中一台工作站无法彻底进行消毒处理，就会感染整个网络系统中的所有设备。还有可能一台工作站刚刚清除，瞬间就被另一台携带病毒的工作站感染。针对此类问题，只是对工作站开展相应的病毒查杀与清除，无法彻底消除病毒对整个网络系统所造成的危害。

（二）网络病毒的传播

1. 传播目标

网络病毒的传播目标通常为可执行程序，具体到计算机中就是可执行文件、引导程序、BIOS和宏。详细归纳一下，网络病毒传播目标可以是软盘或硬盘引导扇区、硬盘系统分配表扇区、可执行文件、命令文件、覆盖文件、COMMAND和IBMBIO文件等。病毒的传播目标既是本次攻击的宿主，也是以后进行传播的起点。

2. 传播过程

网络病毒的传播过程和医学概念中病毒的传播过程是一样的。病毒首先通过宿主的正常程序潜入计算机，借助宿主的正常程序对自己进行复制。如果计算机执行已经被感染的宿主程序时，那么病毒将截获计算机的控制权。在这里，宿主程序主要有操作系统、应用程序和Command程序三种，而病毒感染宿主程序主要有链接和代替两种途径。当已感染的程序被执行时，病毒将获得运行控制权且优先运行，然后找到新的传播对象并将病毒复制进入其中。

3. 传播方式

网络病毒和传统生物病毒一样都需要有传播方式才能进行传播，大致可以分为以下几类：

（1）E-mail的附件。病毒藏在邮件的附件之中，再配上一个好听的文字或者是其他的一些诱惑，诱使人们去打开附件，从而实现病毒的传播。这是最常见的网络病毒传播方式。

（2）E-mail本身。一些蠕虫病毒会利用在微软漏洞调查通报的MS01-020中讨论过的安全漏洞将自身隐藏于E-mail中，与此同时，向其他的系统用户发送一个副本来进行病毒传播，诚如微软的系统公告中所说，这个漏洞只是存在于IE浏览器中。但是它可以通过E-mail邮件来进行传播，当你打开邮件的一瞬间，病毒就已经完成传播过程。

（3）Web服务器。计算机之间彼此信息交互是依靠Web服务器来进行的，有一些病毒会攻击5.0Web服务器。以一种名为尼姆达的病毒举例说明，它具有两种攻击方法：一种是它自身会检测红色代码Ⅱ病毒是否已经破坏了计算机，因为这种红色代码Ⅱ病毒会在侵入过程中创建一个"后门"，这个"后门"是计算机使用者无法察觉到的，但是任何恶意用户（指病毒编写人员）都可以使用这个后门任意进出以及攻击计算机；第二种方法就是病毒本身会尝试利用计算机本身一个有关于Web服务器的漏洞来进行攻击，一旦病毒成功找到这个漏洞，就会利用这个漏洞来感染计算机。

（4）文件共享。一般来说，Windows系统自身可以被设置成允许其他用户来读取系统中的文件，这样就会导致安全性的急剧降低。在系统的默认情况下，系统仅允许经过授权的用户读取系统的所有文件。如果被有心人发现你的系统允许其他人读写系统的文件，你的系统中就会被植入带有病毒的文件，病毒再借由文件传输过程完成新一轮的传播。

（三）网络病毒的危害

1. 电脑运行缓慢

病毒运行时不仅要占用内存，还会中断、干扰系统运行，使系统运行缓慢。有些病毒能控制程序或系统的启动程序，当系统刚开始启动或是一个应用程序被载入时，这些病毒将执行它们的动作，导致程序载入时间更长。

2. 消耗计算机资源

如果你并没有存取磁盘，但磁盘指示灯狂闪不停，这可能预示着计算机已经受到病毒感染了。很多病毒在活动状态下都是常驻内存的，如果发现你并没有运行多少程序时系统却已经被占用了不少内存，这就有可能是病毒在作怪了；一些文件型病毒传染速度很快，在短时间内感染大量文件，每个文件所占用空间都不同程度地变大了，造成磁盘空间的严重浪费。

3. 破坏硬盘和数据

引导区病毒会破坏硬盘引导区信息，使计算机无法启动，硬盘分区丢失。如果某一天，你的计算机读取了U盘后，再也无法启动，而且用其他的系统启动盘也无法进入，则很有可能是中了引导区病毒。正常情况下，一些系统文件或是应用程序的大小是固定的，某一天，当你发现这些程序大小与原来不一样时，十有八九是病毒在作怪。

4. 窃取隐私账号

如今已是木马大行其道的时代。据统计，如今木马在病毒中比重已占七成左右。而其中大部分都是以窃取用户信息，获取经济利益为目的，如窃取用户资料、网银账号密码、网游账号密码等。一旦这些信息失窃，将给用户带来不小的经济损失。

（四）网络病毒的防范策略

1. 强化网络用户安全防范意识

网络病毒会存在于文档中，计算机用户需要强化自身的安全防范意识，不随意点击和下载陌生的文档，从而使计算机感染网络病毒的概率得到降低。此外，在上网浏览网页时，对于陌生的网页不能轻易地点击，主要是因为网页、弹窗中可能会存在恶意的程序代码。网页病毒是传播广泛、破坏性强的程序，计算机用户需要严格规范自身的上网行为，拒绝浏览非法网站，避免出现损失，也防止计算机遭到网络病毒的侵害。

2. 及时对计算机系统更新

计算机用户需要及时更新系统并下载安装补丁，避免网络病毒通过系统漏洞入侵到计算机中，进而造成无法估计的损失。此外，计算机用户应关闭不用的计算机端口，并及时升级系统安装的杀毒软件，利用这些杀毒软件有效地监控网络病毒，从而对病毒进行有效的防范。

3. 科学安装防火墙

在计算机网络的内外网接口位置安装防火墙也是维护计算机安全的重要措施，防火墙能够有效隔离内网与外网，有效提高计算机网络的安全性。如果网络病毒程序要攻击计算机，就要先避开和破坏防火墙。防火墙的开启等级是不同的，计算机用户需要自主选择相应的等级。

4. 有效安装杀毒软件

当前杀毒软件是比较常见的查杀网络病毒的方法，但是很多用户最开始不能正确认识杀毒软件的作用。随着网络病毒的不断出现，以及杀毒软件不断地完善，人们开始认识到杀毒软件的重要性。当前的杀毒软件能够全天候地对计算机进行监测，并且杀毒软件以及病毒库的及时更新能够有效地查杀新型的网络病毒，其适应能力是比较强的。同时，杀毒软件不会占用系统太大的资源，有时计算机运行速度比较慢是因为杀毒软件在过滤网络病毒。此外，杀毒软件的使用也比较便利，即使计算机有中毒的情况，也能够在短时间内自救。

5. 做好数据文件的备份

如果网络病毒入侵到计算机中，会导致计算机系统瘫痪，所以计算机用户在日常使用中需要备份计算机中的重要数据与文件，以减少损失。

## 第二节 网络交友与网络购物

### 一、网络交友安全

网络交友，是指人们以网络为媒介，利用QQ、微信等社交聊天工具互相加为好友进行聊天，从而互相了解、认识。与现实交友相比，网络交友少了一些尴尬，多了一些神秘，择友的范围扩大了，因此成为年轻人更喜欢的一种交友方式。

（一）网络交友的特点

1. 开放性与多元性

网络化的交往超越了时空限制，拓展了人际交往和人际关系，使人际关系更具开放性。"电子社区"的诞生，使得居住在不同地方的人都可以"在一起"交往和娱乐。同时，交往范围的不断扩大，必然会使人们的各种社会关系向多元化和复杂化方向发展。

2. 自主性与随意性

网络中的每一个成员都可以最大限度地参与信息的制造和传播，这就使网络成员几乎没有外在约束，而更多地具有自主性。同时，网络是基于资源共享、互惠互利的目的建立起来的，网民有权利决定自己干什么、怎么干，但由于缺乏必要的约束机制，网民必须"自己管理自己"。因此，有的人会在网上放纵自己、任意说谎、伤害他人，有的人甚至会扮演多种角色，在网上与他人进行虚假的交往，从而造成网上交往极大的随意性。

3. 间接性与广泛性

网络改变人际交往方式突出的一点，就是它使人与人面对面、互动式的交流变成了人与机器之间的交流，带有明显的间接性。这种间接性也决定了网络交流的广泛性。过去，时空局限一直是人们进行更广泛交往的主要障碍，而在网络社会，这一障碍已不复存在，只要你愿意，在网上可以与任何人直接"对话"。

### 4. 非现实性与匿名性

网络社会的人际交往和人际关系的定义，已经突破了传统人际交往和人际关系的内涵。在网络中，人们可以"匿名进入"，网民之间一般不发生面对面的直接接触，这就使得网络人际交往比较容易突破年龄、性别、相貌、健康状况、社会地位、身份、背景等传统因素的制约。部分网民在网上交际时，经常扮演与自己实际身份和性格特点相差悬殊甚至截然相反的虚拟角色。比如，五尺壮汉可以将自己伪装成妙龄少女，与其他网民共演爱情悲喜剧；一旦"坏了名声"，又可以很方便地改名换姓，以新的面目出现。在这种情况下，很多网民往往会面临网上网下判若两人的角色差异和角色冲突，极易出现心理危机，甚至产生双重或多重人格障碍。

### 5. 平等性

由于网络没有中心，没有直接的领导和管理结构，没有等级和特权，每个网民都有可能成为中心，因此，人与人之间的联系和交往趋于平等，个体的平等意识和权利意识也进一步加强。人们可以利用网络所特有的交互功能，互相交流、制造和使用各种信息资源进行人际沟通。尽管"数字鸿沟"仍然存在，许多"信息边远地区"的人们根本没有机会参与到网络人际互动中来，但总体而言，平等性仍是网络人际关系的主要特征。

### 6. 失范性

网络世界的发展，开拓了人际交往的新领域，也形成了相应的规范。除了一些技术性规则（如文件传输协议、互联协议等），网络行为同其他社会行为一样，也需要道德规范和原则，因此出现了一些基本的"乡规民约"，如电子函件使用的语言格式、在线交谈应有的礼仪等。但从现有情况看，大多数网络规则仅限于伦理道德，而用于约束网络人际交往具体行为的规范尚不健全，且缺乏可操作性和有效的控制手段。这就容易造成网络传播的无序和失范。事实上，网络社会充满竞争、冲突，时不时还会发生犯罪活动，这就需要有一定的社会道德、法律规范来调整网络人际关系，以维护正常的网络秩序。

### 7. 人际情感的疏远

网络的全球性和发达的信息传递手段，使人与人之间的交往没有了空间障碍，同时使现实社会中人与人之间的情感更加疏远。网上虚拟交往虽然可以帮助人们暂时忘记现实烦恼，找到一时的寄托，却不能真正满足活生生的人的情感需要，而有些人由于过分沉溺于虚拟的世界，往往会对现实生活产生更大的疏离感。

#### （二）网络交友的安全隐患

随着互联网的迅速发展，网络交友已经成为网民互联网生活的重要组成部分，网络交友作为一种交友方式，存在着非常大的风险性，一定要提高自我保护意识。

（1）交友要加强自我保护，防止遭受非法侵害，因为女性交友安全在网上是没有保障的。对"网友"的盛情邀请，要保持警觉，尽量回避，以免上当。有的"网友"会对你海誓山盟，抛出各种诱惑，诱使你与他交往，见面后"网友"就会露出狰狞面目，对你进行偷骗或敲诈勒索，甚至是更严重的性侵害、抢劫或者杀害。因此，防范的最好方法是不要和陌生人随意约会，多看一些女性防侵害小知识和女性安全知识，不给犯罪分子可乘之机。

（2）要充分认识网络世界的虚拟性、游戏性和危险性，对网络恋情要多一分清醒，少一分沉醉，时刻保持高度警惕，不要把网络当作逃避现实生活的避风港。网络生活只是现实生活的一部分，它不可能代替现实生活。生活中无论遇到什么困难，都应该采取积极的态度去面对、去解决。

（3）注意保护个人隐私信息。在网络中，不要轻易给出能确定个人身份的信息，包括家庭地址、学校名称、家庭电话号码、个人账户和密码、父母身份、家庭经济状况等。在网络交往中，请不要泄露任何真实的隐私信息。

（4）要保持正确对待网络的心态。网上交友，平和待之，学生要树立自尊、自律、自强意识，在增强自我保护的意识下，也需真诚对待他人，理性沟通，自觉维护网络秩序，预防违法犯罪行为的危害。

---

**课堂故事**

2019年7月，董某和刘某通过快手"相识"后互相加为微信好友。二人交往期间，董某谎称自己叫韩某，虚构自己的父亲韩某、闺蜜李某等人的身份，后以这些人员的身份添加刘某为微信好友，并利用这些虚假微信好友在朋友圈转发一些符合她虚构的人员身份的图片与视频迷惑刘某。取得刘某的信任后，董某便编造其父亲公司出现账务问题、聘请律师、买房以及闺蜜李某住院、李某的孩子和父亲在医院抢救等理由向刘某借款，刘某便有求必应多次给董某转款。一年多来，刘某被骗约40万，董某将骗来的钱款用于打赏主播及自己日常开支，之后刘某向董某索要借款时，董某又以各种理由推脱不还。

无独有偶，董某还虚构韩某的身份与微信好友刘某某以情侣关系相处将近七年，其间虚构其父过世、哥哥坐牢、母亲及自己住院、家里买房等信息骗取刘某某20万元。

最终，绥德检察院依法将董某批准逮捕并提起公诉。

---

## 二、网络购物安全

电子商务迅猛发展，网上购物已成为大众接受的消费方式。然而，人们在享受网上购物带来便利的同时，也要防范网络购物陷阱。

（一）网上购物面临的风险因素

（1）交付问题。首先，网购很可能会遇到产品不能按时交付或者交付的产品根本不是所购买的产品等问题，如果没有验货直接签收，则很有可能无法更换。其次，货物有可能在运送途中丢失，或因异地送货而商品损坏。

（2）质量问题。网购到的产品与介绍相差甚远，甚至是假货，这类现象层出不穷。

（3）付款风险。网上购物时，使用不正当的途径付款有可能会造成货款丢失，或被人盗取信用卡信息。

（4）隐私风险。网上购物需要填写个人信息，如电话、住址等，这些消费者隐私很可能会被人卖给一些公司或个人，造成个人信息的泄露。

### （二）网上购物陷阱

#### 1. 低价诱惑

网络交易骗子的商品售价往往比市场价格低一半还多，并以"海关罚没走私、朋友赠送"等为理由骗取消费者的信任。

#### 2. 奖品丰富

有些不法网站，利用巨额奖金或奖品诱惑消费者浏览网页，并购买它出售的商品。还有的利用赠品或积分换取奖品来吸引消费者，攒积分的方法有注册网站、浏览网站、发展其他买家等几种，无论何种方式，奖品都还是需要花钱购买的。

#### 3. 虚假广告

有些网站提供的产品说明有夸大其词甚至虚假宣传之嫌，消费者购买到的实物与网上看到的图片不一致，更有甚者把钱骗到手后就关闭网络商店，再开一个新的网络商店故伎重演。

#### 4. 格式化合同，买货容易退货难

一些网站的购买合同采取格式化条款，对出售的商品不承担"三包"责任，没有退货、换货说明等。消费者购买产品出现质量问题无法得到相应的质保，想换货或者维修时为时已晚。

### （三）网上购物风险的规避

（1）选择正规的网络商店。正规的网络商店有卖家信誉信息，以及对产品质量的评价、评估等，有助于我们判断商店信誉。

（2）不要回复任何精心设计的紧急邮件。部分买家在购物后仍保持与卖家的私人联络，很可能会陷入不法卖家精心设计的陷阱。

（3）选择安全的付款方式。如今付款方式多种多样，相对而言，第三方担保的付款方式较网上银行支付、汇款等方式更为安全。一旦损失，也可通过第三方追回。

网上购物被骗，大多是因为绕开了第三方交易平台，直接进行交易。

（4）保留交易的凭证。网上购物时，应该注意保存各类交易记录和资料，如电子邮件、聊天记录以及电子交易单据等。注意对贵重的物品进行验收，检查有无质量保证、保修凭证等，同时注意索取发票或收据，以便退货时保障自己的合法权益。

（5）防止泄露个人信息。应使用正规的浏览器和操作系统，对个人计算机要做到及时下载安装相应补丁，并安装杀毒软件，定期杀毒。在聊天时切忌透露个人、单位

信息等。

（四）网购注意事项

1．看清卖家人品信誉

经常网购的买家要尽可能地选择信誉比较好的卖家，这里要强调的是不要一味只注意卖家拥有几颗星钻、几个皇冠，还应该看看这个卖家有无中评、差评，这种情况是什么原因造成的，这些信息在店铺评价中可以一一查到。然后，也要了解一下该店铺的信用、售后服务质量等。

卖家的信用评价体系是评判一个卖家信誉如何的基础，也是买家购买商品前所必须研究的。淘宝网的信用评价由好评、中评、差评三部分组成。好评的数量-差评的数量=信用点的分数。（总评价数量-差评数量）/总评价数量=好评率。大家可以采取"四步法"来研究卖家的信用评价。

第一步：看第一个评价。从买家所给的第一个评价中，可以看出这个卖家是什么时候开始在淘宝网卖东西的。一个开店时间较长的资深卖家无疑是要加分的。

第二步：看评价分数。评价分数的多少，基本可以反映卖家交易频繁度，一个信用评价分值高的卖家也是要加分的。但是一定要注意，如果你只看卖家的信用分数，那你离"上当"就不远了。因为好评是可以用不正当的手段获得的，如通过"刷信誉"来提高卖家的信用评价分数。

第三步：看好评率。信用分数可能有水分，而好评率则可以较准确地反映卖家的信誉情况。一般来说，卖家能保持99%的好评率是比较难得的。

第四步：看中评和差评。就算卖家利用各种不正当的方式为好评作假，那么他要为差评作假的可能性却低得多。研究一个卖家的信誉到底怎样，关键是看中评和差评的多少和内容，还要仔细研究中评和差评的内容，从中评和差评以及卖家对此的解释中，能够看出卖家的商品质量和服务质量。

2．看清商品的价格

若发现购物网站的商品价格与市场售价差距过于悬殊或者不合理时，要小心求证切勿贸然购买，坚持"一分钱一分货"的原则。除非该商品是在参加特价活动（如"周末购物狂"）或者有很多卖家出售该商品的售价都比较低，这样才可以列为考虑购买对象。如果只有个别卖家价格出奇的低就要特别小心。在了解清楚电子商店退货与换货原则以及所支付费用总额（包括预付运费与税金等）等问题后，再决定是否购买。

3．坚持自己的购买原则

在购买产品前不要被铺天盖地的广告所迷惑，不要轻信卖家对产品近乎完美的描述，不要相信什么赠品积分以及需要注册浏览才能交易的勾当。"羊毛出在羊身上"，累计积分就是放长线钓大鱼的做法，况且很多赠品是过期的劣质产品。在进行交易时，应妥善保存交易相关记录，必要时截图保存证据。

4．利用电子签名确保交易

在网上利用电子签名确认电子交易服务提供商的认证情况，即营业执照、经营许可证和组织机构代码证等内容，以此识别电子交易服务提供商是否合法。

> ✩ **小贴士**
>
> 　　电子签名并非书面签名的数字图像化，它其实是一种电子代码，利用它，收件人便能在网上轻松验证发件人的身份和签名。它还能验证出文件的原文在传输过程中有无变动。目前，电子签名可以通过多种技术手段实现，允许人们用多种不同的方法签署一份电子记录。电子签名具有与传统手写签名和盖章同等的法律效力，相当于网上通行的"身份证"。

## 第三节　网瘾

　　网络是20世纪人类最伟大的发明，整个世界也因它的出现而发生翻天覆地的变化。但网络是一把双刃剑，在为人们的信息沟通带来极大便利的同时，也让一些人伤痕累累，特别是在校园内，上网成瘾对学生的身心健康、正常的学习、生活和发展都产生了极为不良的影响，对学校的学风、校风的建设以及学校的可持续发展，有着很大的负面作用。

### 一、网瘾类型、特征及其成因

（一）网瘾的类型与特征

1．网瘾的类型

学生的网络成瘾一般可分为以下几种类型。

（1）网络游戏成瘾：过于迷恋网络游戏，分不清现实与虚幻。

（2）网络关系成瘾：陷入网恋。

（3）网络交易成瘾：过度交易甚至陷入赌博。

网瘾的类型与特征

（4）网络信息成瘾：盲目地浏览网页及搜集过多的数据或资料失去个人的思考空间。

（5）网络色情成瘾：难以控制对成人网站的访问，沉迷于幻想与冲动之中，等等。

2．网瘾的特征

上网成瘾者主要有以下几个特征。

（1）上网使其社交、学习、工作等社会功能受到严重影响。

（2）利用互联网逃避现实问题。

（3）耐受性增强，即上瘾者要不断增加上网的时间才能获得和以往一样的满足。

（4）出现戒断症状，如果一段时间（从几小时到几天不等）不上网，就会变得焦躁不安。

（5）上网频率总是比事先计划的要高，上线时间总超过预期计划。

（6）企图缩短上网时间的努力总是以失败而告终。

（7）虽然能意识到上网带来的严重问题，仍然继续花大量时间上网。

（二）上网成瘾的原因

1. 社会因素

非法网站沉渣泛起，社会不良思潮在网上泛滥，这些因素很容易让学生在眼花缭乱的虚拟世界中迷失方向。

2. 网络特殊的媒体身份

以大信息量、交互性、平等性、匿名性、安全性为主要特点的网络，对学生形成了强大的吸引力，并构成了他们生存的"第二空间"。

在网络媒体面前，学生不仅是读者，而且是演员，可以通过角色扮演的方式融入网络，网络互动可以满足学生的心理需要和社会需要，并使学生产生愉快的体验，这就容易导致他们对网络产生依赖。

3. 成长环境因素

学生生理开始成熟，自我意识开始增强，但还缺乏稳定的自我控制能力，需要人际交往，渴望被人理解，但心理上又具有一定的闭锁性。而且我国学生中独生子女比重极大，他们在现实生活中往往不会处理人际关系。这些因素都容易使他们到网络中寻找可倾诉的群体，迷恋网上的互动生活。

4. 学校缺乏必要的监管

校园文化生活比较单调，学生又有从众心理和攀比心理。学生在遭遇情感危机、学习危机、就业危机时，往往把网络作为宣泄情绪、逃避现实的工具。

## 二、网瘾的危害与预防

（一）网络成瘾的危害

1. 严重影响身体健康

据研究，网络游戏的画面是上下左右跳跃式的，变化十分迅速，玩游戏的人长时间盯着屏幕就会导致眼睛过度疲劳，患网络成瘾症的学生极易患眼科疾病，轻者引起近视，重者导致视网膜脱落；同时，不断地操作键盘和鼠标，也会给手带来患肌腱炎的可能；而久坐于计算机前重复的运动和操作可引起腰酸、背疼及全身不适，并可引起以肩关节、肘关节、腕关节等为多发部位的关节无菌性炎症。可见，网络成瘾对学生身体健康极为不利。

2. 严重影响学生的学习

部分学生由于长期沉溺于网络，不仅浪费了大量的时间和精力，而且受网络中不良信息的影响，丧失了学习目标，学习兴趣下降，频繁迟到、早退、逃课，因而学习成绩下降，多门课程不及格，甚至无法毕业。

3. 学生人际关系严重恶化

现在的学生大多是独生子女，他们本来就不善于与人沟通，如果整天沉迷于网络游戏、不与人交流就会更加缺乏人际交往能力。患有网络成瘾症的学生一般都会产生与老师、同学的交往障碍，与家长产生较深的"代沟"问题。另外，这部分学生在人际互动中常表现为不尊重他人、以自我为中心、过于功利、过于依赖、妒忌心强、自卑、有敌意、偏激、退缩、不合群等，甚至产生自闭倾向，并有可能埋下人生悲剧的种子。

4. 严重影响心理健康，导致人格异化

长期迷恋网络游戏的学生在心理上会受到很大的影响。其主要表现是：首先，长时间玩游戏之后会产生幻觉，注意力下降，反应能力变差，影响智力发展，影响学习，如果过不了某一关，还会产生焦虑情绪；其次，一旦停止网络游戏活动，便无心做其他事情，情绪低落，思维迟缓，记忆减退，食欲缺乏，形成精神依赖和相应的生理反应；最后，网络游戏成瘾还会使学生变得自私、怯懦、自卑，失去朋友和家长的信任，人格发生明显改变。

5. 不良网络信息诱发学生犯罪活动

网络是个信息宝库，但也充斥很多黄色信息、暴力信息等不良信息。这些不良信息严重污染了学生的思想，导致学生社会责任感缺失、弱化，甚至扭曲了学生的心灵，诱发了学生网络犯罪。另外，一些学生受游戏的影响，误认为通过伤害他人而达到自己目的的方式合情合理。一旦形成了这种错误观点，学生就会不择手段，如欺诈、偷盗甚至对他人施暴等。目前，因为网络成瘾而引发的道德失范、行为越轨甚至违法犯罪的问题正逐渐增多。

（二）网络成瘾的预防

对于刚进校门的新生，家长、学校应及时引导他们树立正确的人生观价值观，使学生形成正确看待网络、使用网络的意识，引导学生有效地利用互联网的优势，让学生在网络中得到的是知识，做到"取其精华，去其糟粕"，而不是毫无目的地利用网络消磨时间、浪费青春。

鉴于网络成瘾者一般是由于缺乏父母及学校监管而毫无节制地长期上网所形成的不良行为，一方面，学校应完善管理制度，使学生养成良好的学习、生活习惯。另一方面，学校可以适当地开展课外活动，鼓励学生参与到其中。在正确引导与管理他们的同时，我们可以有效地利用法律手段，加强对网络的法治化管理，净化网络环境。因此，有关部门应高度重视对网吧的管理和规范。对于在学校上网的学生，学校可以派相关部门加强管理和经常性地开展一些检查，对上网玩游戏与光顾色情网站者给予严厉的批评教育。

重视对网络成瘾者的心理健康教育。网瘾是过度使用网络而产生的一种心理依赖和行为习惯，是心理上的问题而不是生理上的，网瘾必须通过心理治疗和教育等多种措施来戒除。为了戒除和防范网络成瘾，学校和教育工作者应加强培养学生的个性品质，加强与学生的沟通和交流，开展有针对性的心理咨询工作。与此同时，社会、学校及家庭应各自从不同的角度对学生进行多方面的教育，提高学生对网络的科学认识，引导学生树立正确的网络观。

一直以来，中国人都是羞于谈性的，事实证明，也正是因为此类知识的欠缺导致了青少年性犯罪，这比网络成瘾严重多了。社会、学校及家庭应改变以往的观念，采取一定的措施来加强学生对性的认识，尽早弥补这方面知识的空白，以免造成更多本可以避免的事端。建议学校将"性心理学"等课程设为必修课，只有对性有正确的认识后，学生才不会凭借网络来探索错误的性相关知识。

> **小贴士**
> 既然知道网络是一把双刃剑，我们就要正确地对待网络，要让它为我们服务，而不是让我们成为它的奴隶。让"正确使用网络"的思想深入到每一个人心中刻不容缓，不能纵容网络毁了一代年轻人，毁了我们的未来！

## 三、网瘾的解决方法与干预对策

### （一）网络成瘾的解决方法

网瘾产生的根源在于学生难以在现实世界中获得精神满足，因此，必须从学校、社会、家庭、学生自身四个方面出发，共同寻找解决的办法。

第一，学校是学生最主要的活动场所，学生大多数的时间都是在学校中度过。学校一是要加强入学教育，引导学生尽早适应校园生活，减少因环境变化而出现的心理失落现象；二是针对学生的身心发展特点，加强对学生的网络使用技能和道德规范教育，在开展计算机网络技术教育的同时，引导他们对网络成瘾、网络的负面影响进行深层次的了解，提高对网络的科学认识，自觉树立正确的网络道德观和自律意识；三是开展启发式教学，鼓励学生参与学术问题探讨，提高他们的学习成就感，让学生自觉地把网络当作学习、工作的工具而不是游戏和聊天的空间，如通过教学、成立兴趣小组、网上知识竞赛、网络信息咨询、网上新闻调查等活动，激发学生学习网络知识的兴趣；四是对有网瘾的学生，不能歧视，要积极地对他们进行心理辅导和心理治疗。总之，学校要方面客观看待网络成瘾，人尽其才，努力将网瘾学生塑造成网络人才。

第二，政府部门加强网络的法治化管理，建立网上监察机制，净化学校周边的网络环境。青少年学生是网民的主体，一些商家片面地将上网或玩某一款网络游戏与时尚相挂钩，抓住学生追赶时髦的心理，裹挟学生，并且为学生玩网络游戏等提供各种便利，这无疑助推了学生网络成瘾。商家在追求利润的同时，必须坚守职业道德，承担社会责任。政府职能部门要形成严密的法律监管制度体系，限制各类网吧的营业时间，对不法经营者要坚决予以打击和取缔；对网络犯罪、利用网络实施网络诱骗和攻击、非法建立色情网站、传播不良信息的人予以坚决打击。

第三，家庭因素尤其是家庭中的负面因素，是学生网络成瘾的重要原因。在应试教育背景下，父母对孩子的学习寄予厚望，常常将自己未能实现的希望强加给下一代，而这些愿望往往会成为孩子成长的枷锁，给孩子的心理带来了极大压力。孩子为缓解压力，上网的频次必将有增无减。因此，父母要学会与孩子建立平等的亲子关系，要学会换位思考，以理性、平等的态度加强与孩子的沟通，给孩子充分的理解和尊重，给孩子充分自主性的同时培养孩子的责任感，让孩子养成对自己负责的态度。家长应多与孩子沟通，不要对孩子提出不切实际的过高要求，以免给孩子造成难以承受的心理压力，发现孩子有网瘾症状时，应及时与学校和有关部门联系，采取必要的救助措施。

第四，在学生网络成瘾的所有原因中，其自身是最关键、最能动的因素。网络成瘾最根本的原因源于精神空虚，因此，学生要避免陷入网瘾就要学会科学利用互联网。首先，学生提高要自身素质，树立远大理想，培养广泛的兴趣爱好和乐观向上的生活态度，养成良好的意志品质，增强抵御网络负面影响的能力；其次，学校课程较少，有许多可以由学生自由支配的时间，合理安排这些课余时间，博览群书，积极参加各种社会实践活动，全方位地提高自己的综合素质；最后，要端正上网目的，严格控制上网时间，养成良好的上网习惯，发现自己有网瘾症状时，应积极调整心态，逐渐弱化对网络的依赖。"在人、虚拟世界和真实世界之间人和现实世界的关系是最终的和最基本的主客体关系，而虚拟世界只是人与现实世界之间的中间系统。它是人为了解决人和现实之间而发明创造出来的，最终又要用它来为解决人和现实之间的矛盾服务。"

互联网不是洪水猛兽，网瘾也不是毒瘾，经过各方面的努力，相信一定会从根本上杜绝网络成瘾现象。

### （二）网络成瘾的干预对策

网络信息技术的迅猛发展使越来越多的学生沉迷于网络。针对当前学生网络成瘾的现状，不能简单粗暴地使用批评、谴责的强制性措施，而是应针对网络成瘾学生的心理特点，采取积极有效的心理干预策略，循序渐进地引导、教育、帮助网络成瘾学生摆脱网瘾，这不仅关乎学生个体的健康成长，而且更是家庭、学校、社会应当关注的时代课题。

#### 1. 进行心理干预治疗

第一，网络认知行为疗法。1999年美国的Young K S从时间管理规划、设立警示卡和个人目录进行行为约束、认知重组、配合家庭心理干预和签订上网行为契约的视角阐述了自己的网络认知行为疗法。Davis也针对定向网络成瘾群体设立了一整套认知帮扶体系，通过挑战网络成瘾学生的网络不良认知，培养网络成瘾学生上网的正确行为习惯。网络认知行为疗法目的在于改变网络成瘾学生的错误认知，使学生意识到虽然虚拟的网络世界给人们的生活带来便捷，但是长期沉溺于网络游戏、网络聊天、网络购物会给生活、学习和人际交往带来许多危害。同时，通过身边典型案例对网络成瘾者进行警戒，使之认识到上网成瘾所导致的严重后果：对学业的荒废、对家庭的愧疚，以进一步强化其戒除网瘾的动机。

第二，兴趣转移疗法。为了戒除网瘾，网络成瘾学生可制订详细的上网计划（包括上网时间和内容）。学生刚开始可以通过设置闹钟定时或者电脑定时提醒自己下网，如果能够按照计划准时下网或者逐步减少了上网时间，应当给予自己一定的奖励，反之，则予以惩罚。将积极的正向强化和惩罚性的负面强化相配合，可以使网络成瘾学生的行为得到及时纠偏，逐渐培养良好的网络自控力。对于长期沉迷于网络的学生来说，戒除网瘾的最好途径应当是培育广泛的兴趣爱好，寻求积极健康的交往方式。网络成瘾学生通过丰富的校园文化活动转移注意力，将更多的精力转移到现实生活和学习中，制订学习计划，调整原有的生活和交往方式，合理安排自己的校园生活。

第三，团体心理辅导疗法。团体心理辅导治疗是帮助学生摆脱网瘾的有效方法。它充分考虑了网络成瘾原因的多元化的社会背景，在对网络成瘾障碍成因调研和分析的基础上，将网络成瘾学生组织为一个团体，由专业的心理辅导教师针对网络成瘾的主要原因形成完整、具体和多样性的"咨询模块"，配合多种心理干预方法，制订切实有效的团体心理辅导方案。心理辅导教师运用适当的心理咨询技术，通过团体成员间的交流沟通，依靠团体强大的动力，支持帮助团体成员形成正确的自我认知，积极调整、改善并增强人际交往能力，树立积极进取的生活和学习态度，探索对抗压力的正确的行为方式，在团体中获得安全感、信任感、责任感，摆脱孤独感、无助感和颓废感，促进自我发现、自我发展与自我实现，从而提高自身的社会适应力，摆脱网络的负面影响。

因此，心理干预治疗主要是帮助网络成瘾学生正视网络成瘾的现状和危害，并制订戒除网瘾计划，循序渐进、积极引导，最终使学生增强网络自控力，并戒除网瘾。

2. 唤醒网瘾学生的个体意识自觉

内因是学生戒除网瘾的根本动力，要培养学生的行为自制力和网络使用的自控力，应当使学生及时树立新的人生目标和学习目标。初中时期中考是航标，沉重的学业压力和中考压力使学生无暇顾及网络，网络成瘾发生概率较小。历经几年寒窗苦读，学生一旦步入学校，如果没有及时确立学校阶段的学习目标，当压力消失或者空闲时间增多后，意志力薄弱者便会因生活的"空虚"而沉迷于网络世界。因此，学生应当塑造健全的人格，培养积极乐观的生活态度和努力向上的学习态度，制定阶段性的学习目标，以坚韧的意志力和宽广的胸怀迎接挑战并化解压力，避免网络成瘾现象的出现。

3. 强化家庭教育引导

家长应当加强与子女的沟通交流并善于倾听，正确引导孩子形成良好的上网习惯，加强对子女的上网监管和教育，使其合理安排作息时间，在愉悦身心的过程中既满足对网络的求知欲和好奇心，又养成有节制地上网的良好行为习惯。此外，家长在教育过程中应当注重培养孩子的独立意识、责任意识和自理能力，让孩子自己制定明确的学习规划并以顽强的意志力贯彻执行，以免孩子因不能适应学校生活而无所适从，导致沉迷于网络现象的发生。

4. 加强学校思想政治教育

学校在日常的教学管理中应当重点加强对学生的思想政治教育和抗挫折教育，使学生树立正确的世界观、人生观和价值观，自觉抵御网络不良信息的侵蚀。首先，学校应设立心理咨询网站或者开设心理咨询室，聘请有经验的心理咨询专家或者心理健康教育教师与网络成瘾学生进行对话和沟通。学生可以通过心理咨询网站和网络心理健康讲座了解自身的心理问题并积极寻求解决途径，也可以到心理咨询室寻求教师的帮助和指导，以解决自己面对的学习、交际、恋爱与就业的心理困惑。教师应帮助学生深入剖析网络成瘾的症结，纠正错误的网络认知，树立正确的上网动机，全面认识网瘾的危害，加强自我控制并培养自我防范意识。其次，学校应开展丰富多彩的校园文化活动，加强学生的抗挫折教育，培养学生顽强的意志力、生活的自信心，使更多的学生在科技、文化、体育、娱乐等集体活动中获得集体归属感、荣誉感和人际交往的乐趣，从而告别网络。此外，学校可以加强对机房和学生公寓上网的监督和管理，合理限制学生的上网时间，通过走访和监督，加强与宿管员和班级同学的交流，及时发现具有网络成瘾倾向的学生，以便对其进行及时的帮助、教育和引导。

5. 净化社会环境并完善网络立法

网络信息技术的发展日新月异，要从根本上预防学生网络成瘾综合征的发生，需要社会、政府、学校、公安、工商、信息管理等各部门通力合作加强网络管理，建立健全互联网安全法律法规，特别是要加强对校园网和学校周边网吧的管理和执法整治力度。虽然近年来中国相继出台了维护互联网安全的法律法规，但是，随着互联网新情况、新问题的不断涌现，网络立法需要与时俱进，对互联网的管理应当纳入法治化轨道。要加强网络警察队伍的规范化建设，严格监管校外网吧的管理运营，运用信息安全的技术防范手段及时屏蔽并坚决取缔非法网站，或者设置"信息安全防火墙"和"信息海关"从源头上净化学生的上网环境，努力建立"绿色安全"的校园网络平台。同时，需要加强互联网安全的普法教育，引导学生正视网络资源，规范自身的上网行为，最终走出虚拟的网络世界，回归现实生活。

## 第四节　网络犯罪危机与安全

### 一、网络犯罪的基本内涵

（一）网络犯罪的概念与特点

1. 网络犯罪的基本含义

网络犯罪，是指行为人运用计算机技术，借助于网络对其系统或信息进行攻击，破坏或利用网络进行其他犯罪的总称。网络犯罪既包括行为人运用其编程、加密、解码技术或工具在网络上实施的犯罪，也包括行为人利用软件指令、网络系统或产品加密等技术及法律规定上的漏洞在网络内外交互实施的犯罪，还包括行为人借助于其居于网络服务提供者特定地位或其他方法在网络系统实施的犯罪。

简而言之，网络犯罪是针对和利用网络进行的犯罪，网络犯罪的本质特征是危害网络及其信息的安全与秩序。

2．网络犯罪的特点

同传统的犯罪相比，网络犯罪具有一些独特的特点，即成本低、传播迅速，传播范围广；互动性、隐蔽性高，取证困难；严重的社会危害性；网络犯罪是典型的计算机犯罪。

第一，成本低、传播迅速，传播范围广。就电子邮件而言，比起传统寄信所花的成本少得多，尤其是寄到国外的邮件。随着网络的发展，只要敲一下键盘，电子邮件几秒钟就可以被发给众多的人，理论上而言，接受者是全世界的人。

第二，互动性、隐蔽性高，取证困难。网络发展形成了一个虚拟的电脑空间，既消除了国境线，也打破了社会和空间界限，使得双向性、多向性交流传播成为可能。在这个虚拟空间里对所有事物的描述都仅仅是一堆冷冰冰的密码数据，因此谁掌握了密码就等于获得了对财产等权利的控制权，就可以在任何地方登录网站。

第三，严重的社会危害性。随着计算机信息技术的不断发展，从国防、电力到银行和电话系统此刻都是数字化、网络化，一旦这些部门遭到侵入和破坏，后果将不堪设想。

第四，网络犯罪是典型的计算机犯罪。时下对什么是计算机犯罪理论界有多种观点，其中双重说（行为人以计算机为工具或以其为攻击对象而实施的犯罪行为）的定义比较科学。网络犯罪中比较常见的偷窥、复制、更改或者删除计算机数据、信息的犯罪，以及散布破坏性病毒、逻辑炸弹或者放置后门程序的犯罪，就是典型的以计算机为对象的犯罪；而网络色情传播犯罪、网络侮辱、诽谤与恐吓犯罪以及网络诈骗、教唆等犯罪，则是以计算机网络形成的虚拟空间作为犯罪工具、犯罪场所进行的犯罪。

（二）网络犯罪的原因

网络犯罪的发生是由多种因素促成的，其具体涉及经济因素、技术因素和法治因素等几个方面。

1．经济因素

这里的经济因素包括两个方面。首先，获取不法经济利益是任何贪利型犯罪的共同特征，而借助网络实施的大量犯罪其首要的目的也恰恰在于攫取经济利益。其次，从经济学角度来看，在收益与风险的比较上，实施网络犯罪更为"经济"。因为犯罪人的犯罪行为不是盲目做出的，而是在对"可得利益"和可能付出的"代价"进行比较后做出的"合理"选择，而实施网络犯罪恰恰是这种选择的必然结果。因此，网络犯罪所具有的收益和较小的风险是激发犯罪分子实施该类犯罪的重要诱因。

2．技术因素

从计算机技术发展到今天的网络技术，微机互联、信息互通方面技术越来越进步，而对网络信息的保障技术却未能同步发展起来，致使网络在安全方面存在着诸多隐患。网络技术的缺陷主要是由计算机自身结构决定的。

3．法治因素

网络技术的发展日新月异，人们最初只看到了网络技术所带来的好处，而忽略了网络的安全性，这阻碍了网络安全技术的发展。另外，由于没有对形形色色的网络犯罪行为做出及时、有效的法律规制，从而给犯罪分子留下了可乘之机。特别是在程序法方面，鉴于网络犯罪中出现的不同于传统犯罪的新特点，刑事司法中原有的证据、侦查和管辖制度都无法很好地适用于网络犯罪案件。

（三）网络犯罪的表现形式

1. 色情网站

淫秽网页以其高点击率和未经规范的销售淫秽物品的方式吸引了部分广告商和商务机构以及个人。不法分子通过在互联网上建立色情网站，利用网页提供各种色情信息，或在BBS、电子论坛上做广告，或向电子邮件用户群发邮件吸引用户访问网站、浏览网页。有的对国内外色情网站加以整理分类并通过超级链接使该色情网站的访问者能观看到淫秽图画；有的则在网上贩卖光盘、录像带、淫秽图片甚至性交易等。

2. 贩卖违禁物品

网络上各种待售货物中，有不少是违禁物品，如电影VCD、音乐CD等盗版光盘，伪造的证件，毒品，枪支弹药，赃物，受管制药品甚至人体器官，等等禁止或限制交易的物品。

3. 网络诈骗

有的行为人在网上进行非法多层次传销活动；有的行为人在网上虚设账号，以低价诱骗消费者将钱汇入指定的账户，消费者收到的是不堪使用的货物甚至见不到所购商品；有的行为人使用伪造信用卡骗取授权后在网络上刷卡消费；有些网络交易者所提供的原本免费的服务还要另收取费用，甚至消费者支付了在线服务费用却没有得到相应的服务。

4. 侵犯名誉权

利用网络侵犯他人名誉权，大多数是通过发送电子邮件、粘贴文章或散布谣言实施的。有的行为人非法利用他人隐私或捏造各种丑闻，在网上发表具有人身攻击的不实言论、辱骂他人或指摘他人；有的行为人假冒他人名义在网上张贴信件或征求性伴侣；还有一些行为人将攻击目标的头像移花接木到不堪入目的镜头上加以传播，侵犯他人名誉权。

5. 破坏型黑客行为

破坏型黑客行为主要表现为：有的行为人私自穿越局域网或外部网络的防火墙，非法入侵他人的网站、主页或电子信箱，以指令、程序等手段开启经过加密或未经过加密处理的档案资料，并窃取、毁损档案资料或将档案资料内容泄露出去；有的行为人采取阻断服务的方法破坏档案资料，使网站无法正常运行或使用；还有一些行为人以这些网站所有者为直接危害对象，进行威胁与敲诈勒索活动。

6. 制造、传播计算机病毒

行为人以造成最大的破坏后果为目的，通过在网络上散布具有攻击性或破坏性的计算机病毒，轻则可以使他人计算机设备、档案资料毁损以致系统局部功能失灵，重则导致整个计算机系统瘫痪，造成巨大的经济损失。其中，利用电子邮件已经成为计算机病毒传播的最主要方式。

7. 侵犯个人隐私

个人数据的搜集与利用随着互联网的发展，愈加方便和快捷，隐私被侵犯的可能性也大大增加。侵犯个人隐私在网络上最常见的是贩卖个人资料（如高收入者名单、电话号码等），一些超级硬件和软件厂商则直接通过预留后门的方式窥视、掌握用户的网上活动和个人计算机上的隐私。

8. 教唆、煽动各种犯罪，传授各种犯罪方法

除了色情网站外，还有不少专业网站存在于网络空间，如专门教唆、煽动自杀的网站，宣扬种族主义的新纳粹分子网站。还有不少网站是某些犯罪组织自己开设的，如邪教组织、暴力犯罪组织、恐怖主义组织。普通个人开设的敌视某国及其国民、煽动危害国家或公共安全、传播伪造货币方法的网站也有不少。

## 二、网络犯罪的防治对策

### （一）完善网络犯罪的刑事立法

我国自2000年起明显加快了网络立法步伐，但刑事立法对网络犯罪行为还缺乏完整、系统的规范，致使难以针对网络犯罪进行有效的防范与打击。因此，我国亟须加强网络犯罪刑事立法。进行网络刑事犯罪立法时，应当充分考虑到网络社会的开放性和网络犯罪的隐蔽性等特点，在明确网络管理部门、网络的提供者和服务者以及用户对保护网络安全的权利和义务的同时，准确划分网络犯罪与非罪的界限，规范网络管理措施，加大网络服务提供者及从业者的责任和义务，对反政府、反社会、恶意破坏、金融等方面的网络犯罪行为要严厉惩处。通过完善网络刑事立法，引导网络社会各界提高对网络犯罪危害性的认识，自觉地以网络法规和自律规则为网络行为的指针，加强网络管理和网络行为的规范化，充分保护网络行为合法者的正当权益，以达到预防网络犯罪、惩戒网络犯罪的目的。

### （二）加大网络防御技术与设备的研发投入

现实中，网络犯罪行为人往往利用网络系统的自身缺陷实施网络犯罪行为，故网络系统所使用的工具——软、硬件的品质直接决定着网络安全的防御能力。国外一些超级硬件和软件厂商往往直接通过预留"后门"的方式设置CPU陷阱，利用预先安置的情报收集程序窥视用户所掌握的信息，并对网络安全的某些关键设备限制出口，不公开软件源代码，完全依靠国外技术与设备防范网络犯罪就极可能会泄露国家秘密、商业秘密或个人信息。因此，必须加大我国网络防御技术与设备的研究开发投入，尤其是加密、数字签名、认证、审计、日志、网络监测及安全检查等网络技术和路由器、保密网关、防火墙、超级服务器等重要网络设备以及中文操作系统等计算机软件。这样，在防范网络犯罪的同时，还可以有效降低外国对我国网络及其信息的不利影响。

### （三）强化网络用户的管理工作

网络的共享性和开放性使网络安全存在先天不足，再好的技术、再好的设备都需要通过科学管理才能达到防范网络犯罪、保障网络及其信息安全的目的。因而，在增强网络自身的防御能力的同时，有必要通过严格执行科学的网络安全保护与监管制度，防止非法用户的网络犯罪行为。这需要各个相关管理部门合理分工、通力合作、形成有效的网络管理体系，也需要各网络使用者形成良好的内部管理体制。通过加强备份应急恢复、网络入侵预警、加装操作系统和服务器的补丁程序、对网络经常进行安全检查、堵塞漏洞等工作，建立一个综合性的网络及其信息安全的保护体系，是防范网络犯罪、强化网络管理能力的重要途径。

### （四）提高网络监管队伍的力量

高素质的网络监管人员和高科技设备武装起来的网络监管队伍是制止网络犯罪、引导个人网络行为成为合法行为的重要力量。我国已经建立了公安机关的网络监察管理部门——网络警察队伍，然而网络犯罪的层出不穷、犯罪手段的不断翻新，防范与应对网络犯罪亟须在不断提升网管技术的同时，进一步充实网络监管队伍的人力及技术设备。通过定向培养具有较高法律素养、创新意识强、熟悉网络并能灵活运用网络侦查技术的复合型网络监管人员，筛选优秀的网络监管人员接受国内外训练以提升反网络犯罪技术，借鉴国外遏制与打击网络犯罪的成功经验并逐步建立一套适合我国国情的网络监管的技术手段和策略，聘请国内专家学者作为重大网络犯罪案件的技术协作者，委托专业机构开发用于网络犯罪侦查的专门软件，等等，有效提高网络监管队伍力量。

### （五）加强国际司法交流与合作

网络发展的全球化，以及网络犯罪的跨国性，常常使得网络犯罪的实施国、结果国和行为人所在国不一致。仅以一个国家的力量防范网络犯罪绝对难以成功，必须通过加强国际的司法合作，增强对网络犯罪的控制。然而，各国关于网络犯罪的法律准则、伦理道德、价值观念、思想意识等各不相同，使得各国对网络行为是否构成犯罪的判定标准不同，各国对同一网络行为是否构成犯罪意见不一致时，就容易引发司法冲突。因此，加强国际的司法合作首先要统一认识，制定防范与打击网络犯罪的区域性或国际性多边条约，并通过国际网络监管机构协调各国之间、网络和网络之间的合作与监控机制，指导并帮助各国打击国内网络犯罪。

### （六）加强网络法制与道德教育

现实中相当一部分网络犯罪人实施犯罪行为时并未认识到自己的行为违法，而通过法制宣传和普及，利用法律对自然人行为的引导作用，使人们对具体网络行为是否违法有一个客观的认识，从而避免某些网络犯罪行为的发生。当然，在当前网络立法尚未健全情形下，整个社会应该倡导一种积极向上的网络伦理道德观，充分发挥道德的教化作用，通过有效的方式公开讨论网络犯罪案对网络用户进行与时代合拍的价值观、人生观和包含网络规则在内的社会规范的教育，使网络用户树立良好的网络道德观念，增强保障网络安全与规范网络行为的自律意识，以降低网络犯罪发生概率。

（七）鼓励企业支持网络管理

IT 企业拥有大量的网络安全技术与管理的高级人才，在以自律规则约束自己的网络行为的同时，完全有能力为防范与制止网络犯罪提供重要的智力支持，提升网络犯罪防御技术与手段，另外，加强对本企业优秀人才的正确引导和有效管理，可以减少黑客犯罪的发生。网络服务企业可以通过严格的认证程序以及保留网络用户的使用资料的方法，为网络案件的侦办提供网络犯罪嫌疑人的真实个人材料和实施具体网络行为的电磁记录。快递企业认真识别网上交易寄件人的身份、记录货款存入的指定账户，可以为利用网络买卖违禁品的案件侦办提供可靠的网络交易人线索。

随着网络技术在信息时代的飞速发展，网络犯罪的方式和手段将会更加隐蔽，其社会危害程度也会随着网络在社会生活中越来越大的作用而加深。因此，防范网络犯罪任重而道远，防范网络犯罪的措施肯定会受社会需要的影响而不断更新与完善。

## 三、网络犯罪的相关法律规定

我国针对网络犯罪的法律规定主要有以下三个层面。

（一）有关互联网安全和信息保护等方面的法律规范

《全国人民代表大会常务委员会关于维护互联网安全的决定》和《全国人民代表大会常务委员会关于加强网络信息保护的决定》，以及国务院制定的《互联网信息服务管理办法》。

其中，《全国人民代表大会常务委员会关于维护互联网安全的决定》第一至第五条从不同层面规定了网络犯罪的刑法问题，规定了五类网络犯罪的刑事责任。《全国人民代表大会常务委员会关于加强网络信息保护的决定》重点关注的是网络信息安全保护问题。例如，第一条规定，不得窃取或以非法手段获取公民个人电子信息。《互联网信息服务管理办法》主要针对的是互联网信息服务提供者的信息服务规范问题。

（二）《中华人民共和国刑法》有关网络犯罪的专门性规定

第二百八十五条：规定了非法侵入计算机信息系统罪，非法获取计算机信息系统数据罪，非法控制计算机信息系统罪和提供侵入、非法控制计算机信息系统程序、工具罪。

第二百八十六条：规定了破坏计算机信息系统罪。

第二百八十七条：对利用计算机实施金融诈骗、盗窃、贪污、挪用公款、窃取国家秘密或其他犯罪的提示性规定。

第三百六十三条：制作、复制、出版、传播淫秽物品罪。

第三百六十四条：对传播淫秽书刊、影片、音像、图片或者其他淫秽物品的规定。

（三）有关网络犯罪的司法解释和规范性文件

有关网络犯罪的司法解释和规范文件主要包括：最高人民法院、最高人民检察院、公安部联合发布的《关于办理网络赌博犯罪案件适用法律若干问题的意见》，最高人民法院、最高人民检察院颁布的《关于办理危害计算机信息系统安全刑事案件应用法律若干问题的解释》《关于办理利用互联网、移动通信终端、声讯台制作、复制、出版、贩卖、传播淫秽电子信息刑事案件具体应用法律若干问题的解释》《关于办理利用互联网、移动通信终端、声讯台制作、复制、出版、贩卖、传播淫秽电子信息刑事案件具体应用法律若干问题的解释（二）》《关于办理利用信息网络实施诽谤等刑事案件适用法律若干问题的解释》，最高人民法院颁布的《关于审理编造、故意传播虚假恐怖信息适用法律若干问题的解释》，等等。

有关网络犯罪的立法已经越来越规范、越来越专业和越来越全面，企图钻法律空子，以身试法的行为是非常不理智的。

---

### 知识链接

#### 常用的网络安全技术

由于网络所带来的诸多不安全因素，网络使用者必须采取相应的网络安全技术来堵塞安全漏洞。如今，快速发展的网络安全技术能从不同角度来保证网络信息不受侵犯，网络安全的基本技术主要包括网络加密技术、防火墙技术、操作系统安全内核技术、身份验证技术、网络防病毒技术。

1. 网络加密技术

网络加密技术是网络安全最有效的技术。一个加密的网络，不但可以防止非授权用户的搭线窃听和入网，也是对付恶意软件的有效方法之一。网络信息加密的目的是保护网内的数据、文件、口令和控制信息，保护网上传输的数据。信息加密过程是由形形色色的加密算法来具体实施的，它以很小的代价提供很牢靠的安全保护。在多数情况下，信息加密是保证信息机密性的唯一方法。

2. 防火墙技术

防火墙技术是设置在被保护网络和外界之间的一道屏障，是通过计算机硬件和软件的组合来建立起一个安全网关，从而保护内部网络免受非法用户的入侵，它可以通过鉴别、限制，更改跨越防火墙的数据流，来实现对网络的安全保护。保证通信网络的安全对今后计算机通信网络的发展尤为重要。防火墙的组成可以表示为：防火墙= 过滤器+ 安全策略+ 网关，它是一种非常有效的网络安全技术。网络通过它来隔离风险区域与安全区域的连接，但不妨碍人们对风险区域的访问。防火墙可以监控进出网络的通信数据，从而完成不仅让安全、核准的信息进入，又抵制对企业构成威胁的数据进入的任务。

3. 操作系统安全内核技术

除了在传统网络安全技术上着手，人们开始在操作系统的层次上考虑网络安全性，尝试把系统内核中可能会引起安全性问题的部分从内核中剔除出去，从而使系统更安全。操作系统平台的安全措施包括采用安全性较高的操作系统、对操作系统的安全配置、利用安全扫描系统检查操作系统的漏洞等。

### 4．身份验证技术

身份验证技术是用户向系统出示自己身份证明的过程。身份认证是系统查核用户身份证明的过程。这两个过程是判明和确认通信双方真实身份的两个重要环节，人们常把这两项工作统称为身份验证。它的安全机制在于首先对发出请求的用户进行身份验证，确认其是否为合法的用户，如是合法用户，再审核该用户是否有权对他所请求的服务或主机进行访问，以此来防止一些非法入侵人员的侵入。

### 5．网络防病毒技术

在网络环境下，计算机病毒具有不可估量的威胁性和破坏力。CIH 病毒及爱虫病毒就足以证明如果不重视计算机网络防病毒技术，就可能会给社会造成灾难性的后果，因此计算机病毒的防范也是网络安全技术中重要的一环。网络防病毒技术的具体实现方法包括对网络服务器中的文件进行频繁的扫描和监测、工作站上采用防病毒芯片和对网络目录及文件设置访问权限等。防病毒必须从网络整体考虑，方便管理人员能在夜间对全网的客户机进行扫描，检查病毒情况；完善在线报警功能，当网络上任何一台机器出现故障、病毒侵入时，网络管理人员都能及时知道，从而从管理中心处予以解决。

第六章　　**交通出行安全**

**开篇导读**

　　交通出行安全是指人们在道路上安全地行车、走路，避免发生人身伤亡或财物损失。校内交通虽然不如校外那样拥挤，但是随着学校的发展和教师拥有车辆数不断增加，再加上校内道路四通八达，汽车、摩托车、自行车来回在校园穿梭等，校园内交通安全隐患越来越多。面对校内交通状况出现的诸多新情况、新特点，校内无重大交通事故已成为历史。只要稍有疏忽，造成重大人员伤亡的交通事故就会在校园内发生。

⤴ 情境导入

　　某学校学生谢某醉酒后，驾驶一辆小汽车，由黄石市开发区市政府路口往磁湖路方向行驶，途经学校门口路段时，先与一名行人相撞，后与刘某驾驶的公交车相撞，致使1名行人和公交车上的1名乘客死亡（两人均为该职业技术学校学生），另有6人受伤。伤者中，1人为行人，4人为公交车上的乘客，还有1人为轿车上的乘客。

✍ 情境点评

　　饮酒后驾驶人的血液中酒精浓度增高，会出现中枢神经麻痹，理性、自制力降低，视力下降，视线变窄，注意力不集中，身体平衡感减弱等状况，驾驶人饮酒后操纵制动、加速、离合器踏板时反应迟钝、行动迟缓，极易引发交通事故。酒后驾车犹如猛虎，事故的发生，吞噬着鲜活的生命，不仅肇事驾驶人要面对巨额的经济赔偿和严厉的法律制裁，而且给双方家庭带来无法弥补的伤害。面对一幕幕人间悲剧我们是否为之震撼？为了您和他人的安全，维护社会和谐，坚决杜绝侥幸心理。让我们共同做到，"喝酒不开车，开车不喝酒"。

🎓 知识梳理

# 第一节　交通事故的预防

　　随着科技进步和经济建设的飞速发展，水、陆、空交通运输日益发达、完善。但由于一些主客观原因，交通事故也不断发生，给人类的生命和财产造成了不少的损失。如果大家都能够遵守交通规则，注意预防交通事故的发生，那么就能够有效地减少事故的发生及不必要的财产损失。

## 一、道路交通事故预防

### （一）道路交通事故

　　根据《中华人民共和国道路交通安全法》，道路交通事故是指车辆在道路上因过错或者意外造成的人身伤亡或者财产损失的事件。随着社会的发展、进步，旅客和货物的运输量增多，特别是随着机动车拥有量的扩大，道路交通事故日益严重，已成为和平时期严重威胁人类生命财产安全的社会问题。

　　随着学校改革的不断深入，学校与社会的交流越来越频繁，校园内人流量、车流量急剧增加。学校教师拥有私家轿车已经不算稀奇，学生骑自行车的很多。校园道路建设、校园交通管理滞后于学校的发展，一般校园道路都比较狭窄，交叉路口没有信号灯管制，也没有专职交通管理人员管理；校园内人员集中，上下课时容易形成人流高峰；等等。这些原因致使学校的交通环境日益复杂，交通事故经常发生。

（二）道路交通事故的种类

1. 机动车事故

机动车事故是指事故当事方中汽车、摩托车、拖拉机等机动车负主要以上责任的事故。但在机动车与非机动车或行人发生的事故中，机动车负同等责任的，也视为机动车事故，因为在道路上行驶，机动车相对为交通强者，而非机动车或行人则属于交通弱者。机动车驾驶人员违反交通法规包括违反安全驾驶规则、违反限速规定（如超速行驶等）或临时停车规定、违反优先通行原则、路口闯红灯、与前车不保持安全间

道路交通事故
的种类

距、装载不合理、酒后开车、机械故障、过度疲劳、违反铁路岔口通行规定等。

2. 非机动车事故

非机动车事故是指自行车、人力车、三轮车、畜力车、残疾人专用车等按非机动车管理的车辆负主要以上责任的事故。在非机动车与行人发生的事故中，非机动车一方负一半责任的应视为非机动车事故。因为非机动车与行人相比，非机动车属于交通强者，而行人则属于交通弱者。其中，骑自行车人违反交通法规包括在快车道上骑车、逆行、骑快车、左右转弯时无视来往机动车而猛拐、在交叉路口闯红灯、双手或一只手离开车把骑车、车闸失效、雨天骑车打伞、骑车带人、在人行道上骑车以及载物不当等。

3. 行人事故

行人事故是指在事故各方当事人中，行人负主要责任以上的事故。行人违反交通法规包括无视交通信号、不走人行道、在快车道或慢车道上行走、随意横穿公路、斜穿公路、在停车车辆前后横过公路、儿童在街上玩耍、行人在公路上作业或行走时精神不集中等。

---

**思政小课堂：**

　　交通成就经济，交通便利我们，交通已成为我们生活中不可分割的一部分。交通和我们息息相关。正因为息息相关，我们才要更加注意交通安全。遵守交规，文明出行，提高警惕，谨防意外。让交通在我们的生活中永远起到积极作用！

---

（三）道路交通事故的预防措施

1. 提高交通安全意识

不管是校内还是校外，发生交通事故最主要的原因是思想麻痹、安全意识淡薄。作为一名在校学生，遵守交通规则是最起码的要求。若没有交通安全意识，则很容易带来生命之忧。

2. 自觉遵守交通法规

除提高交通安全意识、掌握基本的交通安全常识外，还必须自觉遵守交通法规，才

能保证安全。以下两点是大家必须掌握并要在日常生活中严格遵守的。

第一，靠右行的原则。

靠右行是指行人或车辆在法律、法规规定的范围内，必须遵守靠道路右边一侧行走或行驶的原则。确定这个原则，原因是行人和各类车辆在同一道路内往同一方向行进，可以保证交通流向的一致性，能有效地减少和避免行人之间、车辆之间相撞现象的发生。我国自古就有靠右行驶的传统和习惯，所以一直沿用靠右行的规则。

第二，行人、车辆各行其道的原则。

各行其道是指车辆、行人在规定的机动车道、非机动车道和人行道上分开行驶、行走，互不干扰。我国人口众多，近几年随着轿车进入家庭的步伐加快，道路上的车流量也明显增加，如果机动车、非机动车和行人混行在同一道路上，会增加交通事故。因此，法律规定，行人和车辆各行其道。

---

**课堂故事**

### 飞车撞人

池州一刚毕业学生骑着价值4万多元的摩托车在城区飙车，时速超过了每小时90千米，结果造成一对母女一死一重伤。

2015年5月30日19:49左右，池州市公安局交警支队事故处理大队赶赴现场，看见一辆摩托车倒地，旁边还有一名女子和一个小孩躺在地上，二人身边一名男子正在哭喊。而驾驶摩托车的男子受轻伤，摩托车后座上的一位高中生也躺在地上受了伤。此外，民警在现场看到有很明显的刹车痕迹以及摩托车划痕，经测量，摩托车倒地后滑行了47.6米，而被撞上的行人被抛出10米左右的距离，民警分析当时摩托车的车速应该很快。

---

## 二、乘车（船）交通事故预防

随着社会的发展、社会节奏的加快，人们为了满足时间需求，不断增大汽车的流通量，交通流量也因此日益增加，交通事故时时都可能在我们身边发生，时刻危及我们的人身安全。面对日益增多的交通安全事故，作为受害群体之一的学生必须提高交通事故的预防意识，掌握必要的交通安全预防措施，有效地降低交通事故的发生概率。

乘坐交通工具发生意外，主要包括以下几种情况，大家要根据不同的情况，做出相应的应对措施。

（1）火车发生意外，往往都是因为信号系统发生问题，故火车事故大多在进出站时发生。此时车速不快，伤害也较轻。如果你乘坐的车厢发生意外，你应迅速下蹲，双手紧紧抱头。这样可以使你大大减少伤害。

（2）乘坐汽车时应注意：节假日期间及假日后一天乘汽车要格外小心。因为此时人们都比较兴奋，警觉性也较低，容易发生意外。若乘坐大客车发生事故，千万不要急于跳车，否则很容易造成伤亡。此时应迅速蹲下，保护好头部，看准时机，再跳离车厢。若乘坐的汽车有安全带，千万不要嫌麻烦，应及早戴上。这样一旦遭遇意外，受伤害的程度会较轻。

（3）乘坐飞机遭遇意外的机会并不多，但一旦发生意外，伤害程度却往往是最高的。乘坐民航机没有降落伞包，应将身上的硬物除下（如手表、钢笔甚至鞋等），以求尽量减少对身体的伤害。另外，一些旅客乘坐飞机时，在空中突发急病或猝死的现象时有发生，为避免此类问题，旅客在乘机前一定要确定自己的身体状况是否适宜出行。

（4）乘坐轮船是最安全的交通工具。因为即使发生意外，你也不会直接受到伤害，而且有时间逃生。乘船危险性取决于当时轮船所在位置和附近救援条件。为了增强安全感，在乘船前你要做的准备工作有：①学会游泳；②知道如何找到救生工具；③尽量多穿衣服，以保持体温。

在车辆（机、船）停稳后，按先后次序上下车（机、船），讲究文明礼貌，优先照顾老人、儿童、妇女，切勿拥挤，以免发生意外。在乘车旅途中，不要与司机交谈和催促司机开快车，不要将头、手、脚伸出窗外，以防意外发生。

《中华人民共和国道路交通管理条例》规定，乘车人必须遵守下列规定：乘坐公共汽车、电车和长途汽车须在站台和指定地点候车，待车停稳后，先下后上；不准在车行道上招呼出租汽车；不准携带易燃、易爆等危险品乘坐公共汽车、电车、出租车和长途汽车；在机动车行驶过程中，不准将身体任何部分伸出车外；乘坐货运机动车时，不准站立，不准坐在车厢栏板上。

有下列情况不应乘车，以免发生危险：发现车辆破损、声音异常时，发现驾驶员精神状态不佳、酒后驾车时，发现车辆不正常运行时，发现客车有其他违反操作规程时。恶劣天气如大风、大雨、大雾、大雪不坐汽车长途跋涉，病中无人陪伴不要乘车。

> **思政小课堂：**
> 　　生命宝贵，认真面对。我们一定要时刻将交通安全放在心上，让我们的出行更安全。交通安全，助我成长。珍爱生命，从我做起。让我们的生活少一分悲哀，多一分快乐！

## 第二节　交通事故的处理

### 一、交通事故的处理原则

交通事故的处理应掌握行为责任原则、因果关系原则、路权原则和安全原则。

### （一）行为责任原则

如果当事人对某一起交通事故负有责任，则必定由其行为引起，没有实施行为的当事人不负事故责任。

交通事故认定是确定当事人行为在事故中所起作用程度的技术认定，在认定交通事故责任时，应实事求是地表述当事人行为在事故中所起作用的程度，不须考虑法律责任问题。《中华人民共和国道路交通安全法实施条例》规定："公安机关交通管理部门应当根据交通事故当事人的行为对发生交通事故所起的作用以及过错的严重程度，确定当事人的责任。"交通事故责任认定是过错认定原则。当事人的行为对发生交通事故所起的作用，即有因果关系的行为在事故中所起的作用和过错的严重程度。其中"过错的严重程度"是以"当事人的行为"为前提的。在认定交通事故责任时，先看"当事人的行为对发生交通事故所起的作用"，然后确定该行为"过错的严重程度"。

### （二）因果关系原则

根据《道路交通事故处理程序规定》第四十五条："道路交通事故认定应当做到程序合法、事实清楚、证据确实充分、适用法律正确、责任划分公正。"

#### 1. 因果关系原则

当事人存在违法行为，是否一定在事故中起作用，违法的严重程度与在事故中的作用并不成"正比"，有些行为并不违法，但在事故中也起到了作用，也有些违法行为很严重，但在事故中并未起作用。行为与该事故的发生没有因果关系，也没有加重事故后果。同样，交通事故当事人的某些违法行为也不一定是导致事故的原因。要确定交通事故当事人的责任，其行为必须与事故有因果关系。交通事故认定是技术认定，在确定行为与事故因果关系时，只需要确定行为人的行为是否事实上属于事故的原因即可。事实上原因的检验方法，可以借鉴侵权行为法中的因果关系理论，采取必要条件规则。按照必要条件规则，凡构成后果发生之必要条件的情况，均为事实上的原因。

#### 2. 直接原因原则

行为人的行为是实实在在地足以引起交通事故及损害后果发生的因素，它就构成事实上的原因，即直接原因。交通事故认定作为技术认定，应载明事故发生的直接原因，交通事故认定只是证据之一，在认定交通事故责任时，应从技术的角度出发，认定直接行为人的责任，而不须考虑应承担相关法律责任人的事故责任。

### （三）路权原则

路权原则即各行其道原则。《中华人民共和国道路交通安全法》第三十八条规定："车辆、行人应当按照交通信号通行；遇有交通警察现场指挥时，应当按照交通警察的指挥通行；在没有交通信号的道路上，应当在确保安全、畅通的原则下通行。"各行其道原则是交通安全的重要保证，是交通参与者参与交通的基本原则。现代化交通设施给所有的交通参与者规定了各自的通行路线，行人、不同类型的非机动车和机动车都有各自规定的通行路线。然而，在当前的交通环境中，极少有绝对的"专用道路"，"借道通行"必然存在。在强调交通参与者各行其道的同时，也要规范交通参与者使用非其法定优先使用道路的行为，即"借道通行"的行为。在科学的管理制度下，交通参与者在使用非其法定优先使用的道路时，必须遵守一定的原则，这样才能确保安全。在交通事故认定中如何体现各行其道的原则，应考虑以下几个方面：

（1）借道避让原则。各行其道原则要求交通参与者必须按照法律法规的规定各行其道。为了合理利用交通资源，在法律法规允许的情况下，交通参与者可以借用非其专用的道路通行。当然，法律法规明令禁止的除外，如高速公路禁止非机动车和行人通行。交通参与者实施借道通行时，有可能与被借道路本车道的参与者产生冲突点，为保证安全，必须明确谁有义务主动防止冲突的发生。借道避让原则在调整交通行为和交通事故认定中应起到规范性作用。

（2）行人在没有交通信号控制的路段横过道路与机动车发生事故的特殊原则。

（四）安全原则

1. 合理避让原则

交通事故的形态千变万化，事故原因多种多样，交通参与者在享受通行权利的同时，如遇他人侵犯己方的合法通行权，必须做到合理避让，主动承担维护安全的义务。如果发生了交通事故，应怎样分析双方的行为在事故中所起的作用呢？先确定一方已违反了通行规定，后分析另一方如何处置，再以事故发生时双方是否尽到了安全义务来衡量双方行为的作用并划分责任。

第一，一方存在过错，其行为影响了另一方的交通安全，这是运用合理避让原则的基本条件，如果一方没有过错或即使有过错但行为没有影响另一方的交通安全，则不适用此原则。

第二，被妨碍安全一方应该发现危险的存在却未发现，未尽到符合其交通参与者身份的一般注意义务为标准，在尽到了一般注意义务，能够发现危险存在的，视为应当发现，反之视为不应当发现。

第三，如果被妨碍方尽到了符合其身份的一般义务要求，能够采取正确措施而没有采取的，则适用本原则，反之不适用。

第四，被妨碍方虽有条件采取措施避让妨碍方，但其所采取的措施不妨碍第三方的交通安全，如果会对正常参与交通的第三方产生危险的，则不适用本原则。一般来说，以各行其道原则划分事故责任相对比较简单，因为此类事故的路面痕迹及车辆停放位置通常能够相对客观地反映当事人的行为。而根据合理避让原则，直接证据取证比较困难。大多数交通事故虽然都是民事侵权案件，但与其他民事侵权案件存在着不同，交通事故多在动态运行中发生，交通事故中各方当事人的相互作用性较其他民事侵权案件强，为使每一个交通参与者都建立维护交通安全的意识，用合理避让原则划分交通事故责任有其合理性。

2. 合理操作原则

合理操作原则为：交通参与者在参与交通运行时，为了保证交通安全，应主动杜绝一些法律法规未禁止，但有可能存在危险隐患的行为。如果实施了上述行为且造成了交通事故，则应负事故责任。

《中华人民共和国道路交通安全法》第二十二条第一款的规定："机动车驾驶人应当遵守道路交通法律、法规的规定，按照操作规范安全驾驶、文明驾驶"。首先，每个交通参与者在参与交通运行时，都有自己的操作习惯，一些习惯存在着危害交通安全的隐患，而法律不可能列举在参与交通时可能出现的所有行为。其次，再完善的法律也难以对全部交通行为做出无遗漏的规定。在法律实施后，社会上会出现新的事物参与到道路交通运行中，这些新事物也许存在危害交通安全的隐患。适用合理操作原则认定交通事故责任，应着重考虑"虽未违法，但存在交通过错"的行为。

（五）结果责任原则

行为人的行为虽未造成交通事故的发生，但加重了事故后果，应负事故责任，即结果责任原则。确定该原则主要原因有两个方面：

第一，技术认定的客观性。从技术的角度出发，造成交通事故的原因可分为发生原因和结果原因两种，这两种原因共同导致了交通事故的结果。严格来说，这两类原因在交通事故中的作用和地位有一定的区别。发生原因是主动打破交通平衡环境的因素，有一定的主动性。结果原因是在外在因素的作用下，才能造成结果的因素，有一定的受动性。这两类原因并不是完全孤立的，有时一种原因既含有发生因素也含有结果因素。比如，货车超载运输硫酸，车辆在转弯时，驾驶员因车辆超载而不能有效控制，致使车辆占用对向车道，与对向车辆碰撞，此时超载表现为发生原因。由于车辆超载，捆绑不牢固，硫酸罐落下地面后摔裂，硫酸泄漏腐蚀车辆和路面，超载在此表现为结果原因。一般认为，发生原因的作用大于结果原因，但发生原因和结果原因在一起事故中的作用方式不尽相同，在事故中的作用大小也不能一概而论，必须从实际出发，在充分调查取证的情况下综合考虑。交通事故认定是全面、客观反映交通事故成因的技术认定，应该客观、科学、公正地表述事故成因。作为证据，当事人的过错客观地造成了事故后果或是造成后果的原因之一，有过错的当事人就应该负事故责任。

第二，增强交通参与者维护交通安全的意识。交通环境是一个复杂的大系统，交通参与者是其中的子系统，为了维护大系统的正常运转，子系统必须正常运转，这要求每一个交通参与者都自觉遵守交通法律法规。任何一个违反交通法律法规的行为，都存在影响交通环境正常运转和导致交通事故的隐患。为了保障交通安全，任何人在参与交通时都要自觉遵守交通法律法规。

**课堂故事**

### 北京工体撞人事件

2014年12月26日，金复生因认为法院对其房产纠纷判决不公，驾车在北京工体附近连续恶意撞人，致3死8伤，被市人民检察院第三分院以涉嫌以危险方法危害公共安全罪、故意杀人罪向北京市第三中级人民法院提起公诉。

据公诉机关指控，被告人金复生意图非法剥夺他人生命，驾驶机动车撞击他人，致1人轻微伤，后又驾驶机动车在北京工人体育场等地故意连续撞击无辜群众，致3人死亡，8人受伤，以及3辆汽车不同程度受损，其主观恶性、社会危害性极大，犯罪情节、后果特别严重，应当依法追究其刑事责任。

## 二、发生交通事故具体处理办法

交通事故的处理主要有以下几种办法。

发生交通事故的具体处理办法

（一）发生交通事故要及时报案

发生交通事故后，要及时报案，这样做不仅有利于事故的公正处理，而且可以避免与肇事者私了时造成的不必要伤害。如果是在校内发生交通事故，除了及时向相关部门报案外，还应该及时与学校取得联系，由学校出面处理有关事宜。

（二）事故发生后要保护好现场

相关部门对事故现场的勘查结论是划分事故责任的重要依据之一，如果事故现场没有被保护好，不仅会给交通事故的处理带来困难，而且会导致学生在交通事故处理中不能依法维护自己的合法权益，同时给了肇事人逃脱处罚的机会。切记，发生交通事故后要保护好事故现场，防止肇事人故意破坏、伪造现场、毁灭证据等。

（三）事故发生后要控制住肇事者

如果肇事者想逃脱，一定要设法加以制止，自己不能制止的可以发动周围的人帮忙，如果实在无法制止，就必须记住肇事车辆的特征和车牌号码，以及肇事者的特征。

（四）及时救助伤员

交通事故发生过程中有人员伤亡的要及时拨打120进行救助，救助的同时要保护好现场，防止因救助破坏了原始现场，为抢救伤者，必须移动现场肇事车辆、伤者等，应在其原始位置做好标记。这时要特别注意现场伤情处置，防止造成其他损伤。

（五）依法解决交通事故损害赔偿

交通事故发生时，当事人不能自行协商处理，要依据法律进行处理，报警之后，要协助交通警察收集各种现场证据，做好交通事故认定书。当当事人收到交通事故认定书后，对交通事故损害赔偿如有争议，可请求公安交通管理部门协商调解，也可直接向人民法院提起民事诉讼。

## 第三节　交通事故的自救与互救

交通事故不是天灾，而是人祸。纵观一起伤亡惨重的重特大交通事故，似乎它们的前因、后果充满着各种偶然和变数，作为个人很难在主观上预见到它们即将在下一刻发生。但是，在发生事故的一刹那如何使身处困境的自己由被动变为主动，对减少伤亡起着至关重要的作用。

乘客在车辆（轮船、飞机）发生险情或事故时，头脑要保持冷静，迅速判明情况，采取适当措施，切忌惊慌失措，这样才能够自救或者在自己脱离危险后去救助他人，才能将危险和损失降低到最低程度。

## 一、车祸现场急救

### （一）现场抢救应遵循的基本原则

先人后物：先抢救人员，后抢救财物。

先重后轻：先抢救重伤人员，后抢救轻伤人员。

先他人后自己：尤其是驾驶员、乘务员等要积极组织抢救乘客，不能只顾自己。

### （二）抢救的基本顺序

现场呼救→利用附近的电话向公安、交通、医疗救护部门呼救→拦截过往车辆求救→就近向工矿企业、部队、机关等单位紧急求援。

### （三）事故自救常识

（1）车祸发生时，驾乘者应沉着冷静，保持清醒的头脑，千万不要惊慌失措。

（2）驾驶人要迅速辨明情况，按照"先救人、后顾车，先断电路、后断油路"的原则，把事故损失降到最低。

（3）发生翻车事故时，驾驶人应紧紧抓住方向盘，两脚钩住离合器踏板或油门踏板，尽量使身体固定，防止在驾驶室内翻滚、碰撞而导致受伤。如果驾驶室是敞开式的，翻车时驾驶人应尽量缩小身体往下躲，或者设法跳车。

乘客应迅速趴到座椅上，紧紧抓住前排座椅或扶手、把手等固定物，低下头，利用前排座椅靠背或手臂保护头部；若遇翻车或坠车时，应迅速蹲下身子，紧紧抓住前排座位的椅脚，身体尽量固定在两排座椅之间，随车翻转；车辆在行驶中发生事故时，乘客不要盲目跳车，应在车辆停下后再陆续撤离。

（4）万一人被抛出驾驶室或车厢，应迅速抱住头，并缩成球状就势翻滚，其目的是减小落地时的反作用力，减轻头部、胸部的损伤，同时尽量远离危险区域。

（5）当翻车已不可避免需要跳车时，应用力蹬双脚，增大向外抛出的力量和距离，不能顺着翻车的方向跳车，以防跳出后又被车辆重新压上。

（6）在撞车事故中，巨大的撞击力常常会对人造成重大伤害。为此，乘客应紧握扶手或靠背，同时双脚稍微弯曲用力向前蹬，使撞击力尽量消耗在自己的手腕和腿弯之间，减缓身体向前冲的速度和力量。

（7）驾驶人在寻找自救方法的同时，要兼顾别人的安全以及货物、财产可能造成的损失。

（8）在公路上发生车祸时，要注意保护好现场，及时救护伤员，尽快报警，争取得到交通警察的帮助，防止造成交通堵塞。

（9）在车祸中，如果人的头颅、胸部和腹部受到撞击或挤压，即便仅仅是隐隐作痛，也要警惕内脏出血，应及时到医院诊治，千万不可掉以轻心，防止内出血突然加剧而导致死亡。

（10）当车辆意外失火时，应破窗脱身打滚灭火。行车途中汽车突然起火，驾驶人应立即熄火、切断油路和电源，关闭百叶窗和点火开关后，设法组织车内人员迅速离开车体。若因车辆碰撞变形、车门无法打开时，车内人员可从前后挡风玻璃或车窗处脱身。

（11）当车辆落水时，先深呼吸再开车门。若水较深时，水压力过大，车门是难以打开的。此时，车厢内的氧气可供司机和乘客维持5～10分钟，司机和乘客应首先使头部保持在水面上，待内外水压一致时，迅速用力推开车门或打破玻璃，同时深吸一口气，及时浮出水面。

（12）一旦遇有事故发生，当迎面碰撞的主要方位不在司机一侧时，司机应紧握方向盘，两腿向前蹬直，身体后倾，保持身体平衡。如果迎面碰撞的主要方位在临近驾驶人座位或者撞击力度大时，驾驶人应迅速躲离方向盘，将两脚抬起，以免受到挤压而受伤。

### （四）事故互救常识

首先设法打交通事故报警电话"122"或派人报告公安交通管理部门，告知出事的时间、地点、伤亡情况等；并设法通知紧急救护机构，请求派出救护车和救护人员。

对于伤员不必急于把他们从车上或车下往外拖，而应该首先检查伤员是否失去知觉，还有没有心跳和呼吸，有无大出血，有无明显的骨折；如果伤员已发生昏迷，可先松开他们的颈、胸、腰部的贴身衣服，把他们的头转向一侧并清除口鼻中的呕吐物、血液、污物等，以免引起窒息；如果伤员心跳和呼吸都停止了，应该马上对其进行人工呼吸和胸外心脏按压；如果伤员有严重外伤出血，可将其头部放低、伤处抬高，并用干净的手帕、毛巾在伤口上直接压迫或把伤口边缘捏在一起止血。

发生开放性骨折和严重畸形，可能会由于伤员穿着衣服难以发现，因此不应急于搬动伤者或扶其站立，以免骨折断端移位，损伤周围血管和神经。如果伤员发生昏迷、瞳孔缩小或散大，甚至对光反应消失或迟钝，则应考虑有颅内损伤情况，必须立即送医院抢救。

至于一般的伤员，可根据不同的伤情予以早期处理，让他们采取自认为恰当的体位，耐心地等待有关部门前来处理。

## 二、空难的自救方法

全世界每年死于空难的约1000人，而死于道路交通事故的达70万人，从这个意义讲，乘飞机也许是最安全的交通方式。然而一旦发生飞机失事，幸存者却寥寥无几。飞机起飞后的6分钟和着陆前的7分钟内，最容易发生意外事故，国际上称为"可怕的13分钟"。因此乘坐飞机应按要求在起飞前系好安全带。

空中常见的紧急情况有密封增压舱突然低落、失火或机械故障等。一般机长和乘务长会简明地向乘客宣布紧急迫降的决定，并指导乘客应采取应急处理。水上迫降时，空中乘务员会讲解救生衣的用法，但在紧急脱离前，乘客仍应系好安全带。若飞机高度在3660~4000米，乘客头顶上的氧气面罩会自动下垂，此时乘客应立即吸氧，绝对禁止吸烟。如果机舱内失火，可用二氧化碳灭火瓶和药粉灭火瓶灭火（驾驶舱禁用）；非电器和非油类失火，应用水灭火瓶灭火。乘客要听从指挥，尽量蹲下，处于低水平位，屏住呼吸，或用湿毛巾堵住口鼻，防止吸入一氧化碳等有毒气体中毒。

（一）保持头脑冷静

在撞击发生时刻，人们很难保持镇定，尽管如此，也应尽最大能力保持冷静，这样逃生的机会才能更多一成。要谨防两种情况发生，一是慌不择路，乱作一团，但是更可怕的是另一种情况，那就是呆若木鸡，坐以待毙。研究人员发现，在面临重大突发事件时，更多人表现为后者，大脑空白，甚至无法行动。记住，即使是在最糟糕的情况下，仍然有一线生机。一定要谨慎行动，抓住逃生机会。

（二）戴好氧气面罩

如果机舱破裂，机舱内气压减小，乘客只有15秒的时间戴好氧气面罩，否则会陷入昏迷状态。如果身边有人已经陷入昏迷状态了，可以把氧气面罩给他们戴上。

（三）小心烟雾

火灾和烟雾通常是空难中导致死亡的主要原因。机舱中的烟雾往往会很厚，而且含有剧毒。所以，一定要用衣物掩住自己的口鼻以防吸入，把衣物沾湿是最佳做法，实在找不到水的话，可用自己的尿液。

（四）迅速逃离机舱

空难中最紧要的事是迅速逃离机舱。如果机舱中有火灾或烟雾，那么乘客只有不到两分钟的安全撤离时间。空中乘务员接受过最严格的训练，知道坠机后应该怎么做，因此乘客一定要完全配合空中乘务员，这样逃生的概率才会增加。此时不要管行李了，那只会拖慢逃生的脚步。另外，确保选择的逃生出口是安全的。从窗口看看出口外面是否有火或者是更糟糕的东西，如果有的话，寻找别的出口或者任何能出去的缝隙。

（五）逃出机舱后，待在飞机残骸逆风方向至少150米处

如果降落在偏远地区，最好待在失事飞机附近等待援救人员。但也不能离飞机太近，毕竟火灾和爆炸在坠机后随时可能会发生。如果飞机坠在水面上，要赶紧游得离飞机越远越好。

知识链接

车辆、行人行进指示标志

| 向左转弯 | 向右转弯 | 直行和向左转弯 | 直行和向右转弯 |
| --- | --- | --- | --- |
| 向左和向右转弯 | 靠右侧道路行驶 | 靠左侧道路行驶 | 立交直行和右转弯行驶 |
| 立交直行和左转弯行驶 | 环岛行驶 | 步行 | 鸣喇叭 |
| 最低限速 | 单行路向左或向右 | 单行路直行 | 干路先行 |
| 会车先行 | 人行横道 | 右转车道 | 直行车道 |
| 直行和右转合用车道 | 分向行驶车道 | 公交线路专用车道 | 机动车行驶 |
| 机动车车道 | 非机动车行驶 | 非机动车车道 | 允许掉头 |

第七章 ——消防安全——

开篇导读

水火无情，频频发生的大火不仅断送了许多人的幸福，而且给国家带来了巨大的经济损失。然而，在我们周围，到处都存在着潜伏的火灾危机，使我们的生命和财产时时处于火灾的威胁之中。隐患险于明火，防患胜于救灾。因此，将与人们生活息息相关的消防知识技能作为学习课题，让学生了解学校的消防现状，探寻学校消防的正确措施和解决方案，提高消防意识，掌握必要的消防安全技能，对普及消防知识，提高学生的自我保护与救助能力，具有重要的现实意义。

→ 情境导入

## 东北大学——1000多名女生凌晨逃

　　×年×月23日5时40分左右，东北大学4号女生宿舍219室突发大火。火灾的原因为219寝室学生用"热得快"烧水，因晚上突然停电，她只好从水壶中拔下"热得快"放到床上，但忘了切断电源，早晨醒来后发现床上的"热得快"已经将床铺引着，惊慌之下，四处敲门喊醒其他寝室的学生。由于这名女生逃生时打开了寝室的门，结果通风后火势更加猛烈。一些女生拿起了楼道内存放的灭火器，但直到十几只灭火器用完，也没能扑灭大火。她们又开始用脸盆接水灭火，但也没能减小火势。消防救援人员来了后发现宿舍楼共有3个通道，其中一个被胶合板钉死，他们打开通道，将学生转移，扑灭大火。

♂ 情境点评

　　触目惊心的案例告诉我们，安全无小事，生命最宝贵，警钟要长鸣。在我们生活的校园，每一个不安全行为不仅会伤害到自己，而且可能会危及他人的生命财产安全。"关注安全，关爱生命"应做到"不伤害自己、不伤害他人、不被他人伤害"。从身边点滴的安全小事做起，自觉做到：

　　（1）不乱接电源，防止由乱接电源使电流过载导致的火灾。

　　（2）严禁使用破损的插头、插座等接线板，不购买和使用质量低劣的电器产品，一定要选用有国家认证标志的合格电器产品。

　　（3）不使用老化、接头处无绝缘胶布包扎的电线，不使用无插头的接线。

　　（4）不私自安装床头灯、台灯，不要将台灯靠近枕头、被褥和蚊帐等易燃物，保持安全距离，不用可燃物直接遮挡白炽灯泡。

　　（5）不违章使用电炉、热得快、电热杯、电炒锅、电饭锅等电热器具。

　　（6）做到人走灯灭，关闭电源，节约能源，消除隐患。

　　"隐患险于明火，防范胜于救灾，责任重于泰山。"实践证明，常见的电气设备引起的火灾，如果使用部门或使用者了解必要的消防常识，提高消防意识，火灾是完全可以避免的。因此，我们每一个人都要自觉遵守国家的法律法规和学校的各项规章制度，积极地预防，采取有效措施整改各种安全隐患，共同创建一个安全、稳定、和谐的学习和生活的环境，为"平安校园""和谐校园"创建工作做出我们应有的贡献。

📖 知识梳理

## 第一节 火灾的基本概述

### 一、火灾的危害

火灾，作为一种人为灾害，是指火源失去控制蔓延发展而给人民生命财产造成损失的一种灾害性燃烧现象。火灾还是一种终极型灾害，任何其他灾害最后都可能会导致火灾。火灾能烧掉人类经过辛勤劳动创造的物质财富，使工厂、仓库、城镇、乡村和大量的生产、生活资料化为灰烬，一定程度上影响着社会经济的发展和人们的正常生活。火灾还污染了大气，破坏了生态环境。火灾不仅使一些人陷于困境，还涂炭生灵，夺去许多人的生命和健康，造成难以消除的身心痛苦。

> 🔖 **思政小课堂：**
> 火是人类最伟大的发明。我们的生活离不开火，但是如果用火不当，火就像一个恶魔，吞噬人类的生命和财产。在日常生活中我们应该小心谨慎地用火，只有这样才能建造美好的家园。

### 二、火灾的分类、等级与成因

（一）火灾分类

火灾依据物质燃烧特性，可划分为A、B、C、D、E五类。

A类火灾：指固体物质火灾。这种物质往往具有有机物质性质，一般在燃烧时产生灼热的余烬，如木材、煤、棉、毛、麻、纸张等火灾。

B类火灾：指液体火灾和可熔化的固体物质火灾，如汽油、煤油、柴油、原油、甲醇、乙醇、沥青、石蜡等火灾。

C类火灾：指气体火灾，如煤气、天然气、甲烷、乙烷、丙烷、氢气等火灾。

D类火灾：指金属火灾，如钾、钠、镁、铝镁合金等火灾。

E类火灾：指带电物体和精密仪器等物质的火灾。

（二）火灾等级

根据2007年6月26日公安部下发的《关于调整火灾等级标准的通知》，新的火灾等级标准由原来的特大火灾、重大火灾、一般火灾三个等级调整为特别重大火灾、重大火灾、较大火灾和一般火灾四个等级。

（1）特别重大火灾，指造成30人以上死亡，或者100人以上重伤，或者1亿元以上直接财产损失的火灾；

（2）重大火灾，指造成10人以上30人以下死亡，或者50人以上100人以下重伤，或者5000万元以上1亿元以下直接财产损失的火灾；

（3）较大火灾，指造成3人以上10人以下死亡，或者10人以上50人以下重伤，或者1000万元以上5000万元以下直接财产损失的火灾；

（4）一般火灾，指造成3人以下死亡，或者10人以下重伤，或者1000万元以下直接财产损失的火灾。（注："以上"包括本数，"以下"不包括本数。）

（三）火灾的成因

（1）用火不慎：指人们思想麻痹大意，或者用火安全制度不健全、不落实以及不良生活习惯等造成火灾的行为。

（2）电气火灾：指违反电器安装使用安全规定，或者电线老化、超负荷用电造成的火灾。

（3）违章操作：指违反安全操作规定等造成火灾的行为，如焊接等。

（4）放火：指蓄意造成火灾的行为。

（5）吸烟：指乱扔烟头，或卧床吸烟引发火灾的行为。

（6）玩火：指儿童、阿尔茨海默病患者或智力障碍者玩火柴、打火机而引发火灾的行为。

（7）自然原因：如雷击、地震、自燃、静电等。

除了上面提到的七种主要起火原因外，原因不明和其他原因造成的火灾所占比例也不少。

## 三、引起火灾的常见火源

（1）人们日常点燃的各种明火，就是最常见的一种火源，在使用时必须控制好。

（2）企业和各行各业使用的电气设备超负荷运行、短路、接触不良，都能使可燃物质燃烧，在使用中必须做到安全和防护。自然界中的雷击、静电火花等，也会使可燃物质燃烧。

（3）靠近火炉或烟道的干柴、木材、木器，紧聚在高温蒸汽管道上的可燃粉尘、纤维，大功率灯泡旁的纸张、衣物，等等，烘烤时间过长，都会引起燃烧。

（4）在熬炼和烘烤过程中，温度掌握不好或自动控制失灵，都会着火，甚至引起火灾。

（5）炒过的食物或其他物质，不经过散热就堆积起来，或装在袋子内，也会聚热起火，必须注意散热。

（6）企业的热处理工件堆放在有油渍的地面上，或堆放在易燃品（如木材）旁，易引起火灾，应堆放在安全地方。

（7）在既无明火又无热源的条件下，湿稻草、麦草、棉花、油菜籽、豆饼和沾有动、植物油的棉纱、手套、衣服、木屑、金属屑、抛光尘以及擦拭过设备的油布等，堆积在一起时间过长，本身也会发热，在条件具备时，可能会引起自燃，应勤加处理。

（8）不同性质的物质相遇，有时也会引起自燃，如油与氧气接触就会发生强烈化学作用，引起燃烧。

（9）摩擦与撞击，如铁器与水泥地撞击会引起火花，遇易燃物即可引起火灾。

（10）绝缘压缩、化学热反应可引起升温，使可燃物温度达到着火点。

---

**课堂故事**

2021年11月14日早晨6时10分左右，某学校一学生宿舍楼发生火灾，4名女生从6楼宿舍阳台跳下逃生，当场死亡，酿成近年来最为惨烈的校园事故。宿舍火灾初步判断缘起于寝室里使用"热得快"导致电器故障并将周围可燃物引燃。这给寝室安全管理特别是防火安全敲响了警钟。火灾都是因为个别学生违章用火用电器而引发，给其他住宿学生造成了重大影响。学生宿舍是一个集体场所，是一个人口密度极大的聚居地，任何一场火灾都可能会造成重大后果，带来无可挽回的财产损失和人身伤害。为了住宿同学的生命财产安全，宿舍内严禁使用违章电器、劣质电器、非安全电器器具、无3C认证产品及其他危害公共安全、不适宜在集体宿舍内使用的大功率电器设备。

---

## 第二节　火灾逃生自救的方法

### 一、火灾逃生的自救常识

#### （一）火场报警

（1）牢记火警电话119。没有电话或没有消防队的地方，如农村和边远地区，可以打锣、敲钟、吹哨、喊话，向四周报警，动员乡邻一起来灭火。

（2）报警时要讲清着火单位、所在区（县）、街道、胡同、门牌或乡村地区。

（3）说明什么东西着火，火势怎样。

（4）讲清报警人姓名、电话号码和住址。

（5）报警后要安排人到路口等候消防车，指引消防车去火场的道路。

（6）遇有火灾，不要围观。有的同学出于好奇，喜欢围观消防车，这既有碍于消防人员工作，也不利于同学们的安全。

（7）不能乱打火警电话。假报火警是扰乱公共秩序、妨碍公共安全的违法行为，如发现有人假报火警，要加以制止。

#### （二）火场逃生的时间

允许疏散时间一般依据火灾发生时烟气对人体的危害、建筑物的耐火能力和出火（爆燃）的时间来决定。一般情况下，火场出现浓烟、高热缺氧等致人伤亡的时间，短的5~6分钟，长的10~20分钟。建筑物内化学合成材料越多越危险，这些材料易着火，且温度高，在燃烧过程中产生大量的一氧化碳、二氧化碳等气体，同时消耗大量的氧，严重影响人员疏散。

人吸入一氧化碳的允许浓度为0.2%，接触二氧化碳的允许浓度为3%。在起火情况下，房间内的一氧化碳浓度为5%，最高时可超过10%。起火后10～15分钟，一氧化碳已超过人体接触的允许浓度，火场温度也达到近400℃。此时，起火区域内的人员如不能及时疏散和逃离，势必会中毒、窒息或被烧伤致死。

因此，火场疏散时间应控制在15分钟内为宜。

（三）火场逃生法则

火场逃生法则

1. 要镇静

保持清醒的头脑，不能盲目追随。人在生命突然面对危难状态时，极易因惊慌失措而失去正常的思维判断能力，当听到或者看到有什么人在前面跑动时，第一反应就是盲目追随其后，如跳窗、跳楼、逃（躲）进厕所、浴室、门角。突遇火灾时，首先应当强令自己保持镇静，迅速判断危险地点和安全地点，利用自己平时掌握的消防自救与逃生知识，决定逃生的办法，尽快撤离险地。撤离时要注意，不可搭乘电梯，因为发生火灾时往往电源会中断，人会被困于电梯中，应从安全楼梯逃生，最好能沿着墙面，当走到安全门时，即可进入，避免发生走过头的现象；尽量朝明亮处或外面空旷地方跑，若通道已被烟火封阻，则应当背向烟火方向离开，通过阳台、气窗、天台等往室外逃生。

2. 不要因为贪财而延误逃生时机

在火场中，人的生命是最重要的。身处险境，应尽快撤离，不要因害羞或顾及自己的贵重物品，而把宝贵的逃生时间浪费在穿衣或寻找搬离贵重物品上，已经逃离险境的人员，切忌重回险地，自投罗网。

3. 做好简易防护，匍匐前进

不要直立迎风而进。逃生时经过充满烟雾的路线，要防止烟雾中毒和窒息。为了防止浓烟呛入，可把毛巾、口罩用水打湿蒙住鼻、口，匍匐撤离。贴近地面撤离是避免烟气吸入、滤去毒气的最佳方法。

4. 找好避难场所，固守待援，不要向光亮处奔跑

如各种逃生路线被切断，应退居室内，关闭门窗，有条件可向门窗上浇水，以延续火势蔓延。同时，可向室外扔出小东西，引起别人注意，在夜晚可向外打手电，发出求救信号。在紧急危险情况下，由于人的本能、生理、心理所决定，人们总是向着有光、明亮的方向逃生，但这时电源可能已被切断或已造成短路、跳闸等，光和亮之地正是最危险之处。

5. 缓降逃生，滑绳自救，绝对不要冒险跳楼

高层、多层公共建筑内一般都设有高空缓降器或救生绳，人员可以通过这些设施安全地离开危险的楼层。如果没有这些专门设施，而安全通道又已被堵，在救援人员不能及时赶到的情况下，绝对不要放弃求生的意愿，此时当力求镇静，利用现场物品或地形设法逃生。可以利用身边的绳索或床单、窗帘、衣服等自制简易救生绳，一端紧拴在牢

固的门窗格或其他重物上，再顺着绳子或布条滑下，或者利用屋外排水管往下攀爬至安全楼层或地面逃生。在火灾中，常会发生逃生无门、被迫跳楼的状况，非到万不得已，万万不可盲目采取冒险行为，因为跳楼非死即重伤，最好在房间内设法防止火及烟的侵袭，等待消防人员的救援。

（四）火场逃生15法

火魔无情，当被困在火场内生命受到威胁时，在等待消防员救助的时间里，如果能够利用地形和身边的物体采取积极有效的自救措施，就可以让自己的命运由"被动"转化为"主动"，为生命赢得更多的"生机"。火场逃生不能寄希望于"急中生智"，只有靠平时对消防常识的学习、掌握和储备，危难关头才能应对自如，从容逃离险境，下面介绍15种火场逃生的方法。

1. 绳索自救法

家中有绳索的，可直接将其一端拴在门、窗格或重物上沿另一端爬下，在此过程中要注意手脚并用，脚成绞状夹紧绳子，双手交替一上一下往下爬，并尽量用手套、毛巾将手保护好，防止顺势滑下时脱手或将手磨伤。

2. 匍匐前进法

由于火灾发生时烟气大多聚集在上部空间，因此在逃生过程中应尽量将身体贴近地面匍匐或弯腰前进。

3. 毛巾捂鼻法

火灾烟气具有温度高、毒性大的特点，一旦吸入后很容易引起呼吸系统烫伤或中毒，因此疏散中应用湿毛巾捂住口鼻，以起到降温及过滤的作用。

4. 棉被护身法

用浸泡过的棉被或毛毯、棉大衣盖在身上，确定逃生路线后用最快的速度直接钻进火场并冲到安全区域，但千万不可用塑料雨衣作保护。

5. 毛毯隔火法

将毛毯等织物钉或夹在门上，并不断往上浇水冷却，以防止外部火焰及烟气侵入，从而达到抑制火势蔓延速度、增加逃生时间的目的。

6. 被单拧结法

把床单、被罩或窗帘等撕成条并拧成麻花状，如果长度不够，可将数条床单、被罩等连接在一起，按绳索逃生的方式沿外墙爬下。但一定要将床单、被罩等扎紧扎实，避免其断裂或节头脱落。

7. 跳楼求生法

火场上切勿轻易跳楼！在万不得已的情况下，住在低楼层的居民可采取跳楼的方法进行逃生。但首先要根据周围地形选择较低的地面作为落地点，然后将床垫、沙发垫、厚棉被等抛下作缓冲物，并使身体重心尽量放低，做好准备后再跳。

8. 管线下滑法

当建筑物外墙或阳台边上有落水管、电线杆、避雷针引线等竖直管线时，可借助其下滑至地面，同时应注意一次下滑的人数不宜过多，以防止逃生途中因管线损坏而致人坠落。

9. 竹竿插地法

将结实的竹竿、晾衣竿直接从阳台或窗台斜插到室外地面或下一层平台，两头固定好以后顺杆滑下。

10. 攀爬避火法

通过攀爬阳台、窗口的外沿及建筑周围的脚手架、雨篷等突出物以躲避火势。

11. 楼梯转移法

当火势自下而上迅速蔓延而将楼梯封死时，住在上部楼层的居民可通过老虎窗、天窗等迅速爬到屋顶，转移到另一人家或另一单元的楼梯进行疏散。

12. 卫生间避难法

当实在无路可逃时，可利用卫生间避难。用毛巾紧塞门缝，把水泼在地上降温，也可躺在放满水的浴缸里躲避。但千万不可钻到床底、阁楼、衣橱等处避难，因为这些地方可燃物多，且容易聚集烟气。

13. 火场求救法

发生火灾时，可在窗口、阳台或屋顶处向外大声呼叫、敲击金属物品或投掷软物品，白天应挥动鲜艳布条发出求救信号，晚上可挥动手电筒或白布引起救援人员的注意。

14. 逆风疏散法

应根据火灾发生时的风向来确定疏散方向，迅速逃到火场上风处躲避火焰和烟气。

15. 搭"桥"逃生法

可在阳台、窗台、屋顶平台处用木板、竹竿等较坚固的物体搭在相邻单元或相邻建筑上，以此作为跳板过渡到相对安全的区域。

（五）逃生中避免火、烟之危害方法

（1）以湿毛巾掩口鼻呼吸，降低姿势，以减少吸入浓烟。

（2）在无浓烟的地方，将透明塑料袋充满空气套住头，以避免吸入有毒烟雾或气体。

（3）若逃生途中经过火焰区，应先弄湿衣物或以湿棉被、毛毯裹住身体，迅速通过以免身体着火。

（4）烟雾弥漫中，一般离地面30厘米仍有残存空气可以利用，可采取低姿势逃生，爬行时将手心、手肘、膝盖紧靠地面，并沿墙壁边缘逃生，以免迷失方向。

（5）火场逃生过程中，要一路关闭所有身后的门，它能降低火和浓烟的蔓延速度。

（六）楼梯被火封锁后的处理方法

（1）可以从窗户旁边安装的下水管道往下爬，但要注意察看管道是否牢固，防止人体攀附上去后管道断裂脱落造成伤亡。

（2）将床单撕开连接成绳索，一头牢固地系在窗框上，然后顺绳索滑下去。

（3）楼房的平屋顶是比较安全的处所，也可以到那里暂时避难。

（4）从突出的墙边、墙裙和相连接的阳台等部位转移到安全区域。

（5）到未着火的房间内躲避并呼救求援。

（6）跳楼往往凶多吉少，是最不可取的逃生方式。但如果被困在二楼上，迫不得已则可采用双手扒住窗户或阳台边缘，将两脚慢慢下放，双膝微曲往下跳的方法。

### 课堂故事

某社区一座木楼在夜间着火了。人们都睡得很深没有觉察到火灾，当觉察到这一问题时，楼道内浓烟滚滚，有的人想通过楼道逃生，结果根本出不去。住在五楼的一个单身男子，他发现问题后心里也很慌张，以至于找不到打开房门的钥匙，急中生智，他俯卧于他的单人床垫上，并用宽袋子将自己与床垫捆绑在一起，脚下和床垫的下端平齐，他驱动着床垫（前端高看不到前方）来到窗口先伸出高出的垫子，再踩上个椅子，弹出窗户，然后"乘坐"床垫"降落"，自救成功了，落地后安然无恙。

### （七）火灾时走不出房间的应急方法

（1）阻断明火和烟气的侵入。要关闭来火方向的门窗，打开背火方向的门窗，但是不能打碎门窗的玻璃，防止外面有烟气进来。

（2）要弄湿房间中的一切东西。如果是住在宾馆中，要打开浴室中的排风扇，把床单、毛巾弄湿后塞住门缝。用水将门、墙、地面弄湿，以降低温度。设法把门顶住，因为门外的热气流压力比较大，有可能将门顶开。如果火在窗外燃烧，就要扯下窗帘，移开一切易燃品，再向窗户上泼水。

（3）利用阳台或扒住窗台翻出窗外，避开烟火的熏烤。如果走廊、楼梯被大火封锁，房间里也已经浓烟滚滚，可以到阳台暂避一时。一般来说，混凝土的阳台耐火等级高，依靠在阳台一角可以避开楼内冲出的烟、火和热气流。阳台在室外，空气流通，室内冒出的烟容易被风吹散。另外，在阳台也便于呼救。

### （八）身上着火的处理方法

发生火灾时，如果身上着了火，千万不能奔跑，因为奔跑时会形成一股风，就像是给炉子扇风一样，火会越烧越旺。着火的人乱跑，还会把火种带到其他场所，引起新的燃烧点。

身上着火，一般总是先烧着衣服、帽子、裤子。这时，正确处理的方法是脱下着火衣服，浸入水中或用脚踩灭，若来不及脱衣服，可以就地打滚，使身上的火熄灭，也可以跳入附近水池或水塘内灭火。如果烧伤面积大，就不能跳入水中以防感染。

（1）不要盲目乱跑，也不能用手扑打。应该扑倒在地来回打滚，或跳入身旁的水中。

（2）如果衣服容易撕开，也可以用力撕脱衣服。

（3）营救人员可往着火人身上泼水，帮助其撕脱衣服等，但不可以将灭火器对着人体直接喷射，以防化学感染。

### （九）平房起火的脱险方法

（1）睡觉时被烟呛醒，应迅速下床俯身冲出房间。不要等穿好了衣服才往外跑，此刻时间就是生命。

（2）如果整个房屋起火，要匍匐爬到门口，最好找一块湿毛巾捂住口鼻。如果烟火封门，千万别出去，应改走其他出口，并随手把通过的门窗关闭，以延缓火势向其他房间蔓延。

（3）如果被烟火围困在屋内，应用水浸湿毯子或被褥，将其披在身上，尤其要包好头部，用湿毛巾蒙住口鼻，做好防护措施后再向外冲，这样受伤的可能性要小得多。

（4）千万不要趴在床下、桌下或钻到壁橱里躲藏，也不要为抢救家中的贵重物品而冒险返回正在燃烧的房间。

### （十）公共汽车火灾的逃生方法

公共汽车火灾具有两个主要特点，首先是火势蔓延迅猛，其次是人员疏散困难。因此，掌握公共汽车火灾的扑救及逃生方法就显得非常重要：

（1）当发动机着火后，首先，驾驶员应打开车门，让乘客从车门下车；然后，组织乘客用随车灭火器扑灭火焰。

（2）如果着火部位在汽车中间，驾驶员应打开车门，让乘客从两头车门有秩序地下车。在扑救火灾时，驾驶员要重点保护驾驶室和油箱部位。

（3）如果火焰小但封住了车门，乘客们可用衣物蒙住头部，从车门冲下。

（4）如果车门线路被火烧坏，开启不了，乘客应砸开就近的车窗翻下车。

在火灾中，如果乘车人员衣服被火烧着了，不要惊慌，应沉着冷静地采取以下措施：如果来得及脱下衣服，可以迅速脱下衣服，用脚将火踩灭；如果来不及脱下衣服，可以就地打滚，将火滚灭；如果发现他人身上的衣服着火时，可以脱下自己的衣服或用其他布物，将他人身上的火捂灭，或用灭火器向着火人身上喷射，切忌让着火人乱跑。

### （十一）影剧院着火的脱险方法

影剧院里人多，疏散通道少，发生火灾时给人员逃生带来了很大的困难。下面就这种环境下，人群如何迅速疏散的方法做一些介绍。

#### 1. 选择安全出口逃生

影剧院里都设有消防疏散通道，并装有门灯、壁灯、脚灯等应急照明设备，用红底白字标有"出口处"或"非常出口""紧急出口"等指示标志。发生火灾后，观众应按照这些应急照明指示设施所指引的方向，迅速选择人流量较小的疏散通道撤离。

当舞台发生火灾时，火灾蔓延的主要方向是观众厅。厅内不能及时疏散的人员要尽量靠近放映厅的一端掌握时机逃生。

当观众厅发生火灾时，火灾蔓延的主要方向是舞台，其次是放映厅。逃生人员可利用舞台、放映厅和观众厅的各个出口迅速疏散。

当放映厅发生火灾时，由于火势对观众厅的威胁不大，逃生人员可以利用舞台和观众厅的各个出口进行疏散。

发生火灾时，楼上的观众可从疏散门由楼梯向外疏散，如果楼梯被烟雾阻隔，在火势不大时，可以从火中冲出去，虽然人可能会受点伤，但可避免生命危险，此外还可就地取材，利用窗帘布等自制救生器材，开辟疏散通道。

2．逃生时的注意事项

疏散人员要听从影剧院工作人员的指挥，切忌互相拥挤，乱跑乱窜，堵塞疏散通道，影响疏散速度。

疏散时，人员要尽量靠近承重墙或承重构件部位行走，以防坠物砸伤。特别是在观众厅发生火灾时，人员不要在剧场中央停留。

若烟气较大时，宜弯腰行走或匍匐前进，因为靠近地面的空气较为清洁。

（十二）山林着火脱险方法

（1）辨别风向、风力以及火势的大小，选择逆风或侧风的安全路线逃离。

（2）如果风大，火势猛烈，并且距人较近，可以选择崖壁、沟洼处暂时躲避，待风小、火小时再脱身。

（3）如果火距人较远，则应选择逆风方向或与风向垂直的两侧撤离，如刮北风，则应朝北或东、西两方向脱离险境。

（4）不要顺风跑，因为风速、火速要比人跑得快。

## 二、正确识别消防标志

**火灾报警和手动控制装置的标志**

| 1 | | 消防手动启动器 | 指示火灾报警系统或固定灭火系统等的手动启动器 |
|---|---|---|---|
| 2 | | 发声警报器 | 可单独用来指示发声报警，也可与"消防手动启动器"标志一起使用，指示该手动启动装置是启动发声警报器的 |
| 3 | | 火警电话 | 指示在发声火灾时，可用来报警的电话及电话号码 |

**火灾时疏散途径的标志**

| 1 | | 紧急出口 | 指示在发生火灾等紧急情况下，可使用的一切出口。在远离紧急出口的地方，应与表5"疏散通道方向"标志联用，以指示到达出口的方向 |
|---|---|---|---|
| 2 | | 滑动开门 | 指示装有滑动门的紧急出口。箭头指示该门的开启方向 |

续表

| 3 | | 推开 | 本标志置于门上，指示门的开启方向 |
| 4 | | 拉开 | 本标志置于门上，指示门的开启方向 |
| 5 | | 击碎板面 | 指示：a. 必须击碎玻璃板才能拿到钥匙或拿到开门工具。b.必须击开板面才能制造一个出口 |
| 6 | | 禁止阻塞 | 表示阻塞（疏散途径或通向灭火设备的道路等）会导致危险 |
| 7 | | 禁止锁闭 | 表示紧急出口、房门等禁止锁闭 |

**灭火设备的标志**

| 1 | | 灭火设备 | 指示灭火设备集中存放的位置 |
| 2 | | 灭火器 | 指示灭火器存放的位置 |
| 3 | | 消防水带 | 指示消防水带、软管卷盘或消火栓箱的位置 |
| 4 | | 地下消火栓 | 指示地下消火栓的位置 |
| 5 | | 地上消火栓 | 指示地上消火栓的位置 |
| 6 | | 消防水泵接合器 | 指示消防水泵接合器的位置 |
| 7 | | 消防梯 | 指示消防梯的位置 |

防水标志

| 1 | | 当心火灾——氧化物 | 警告人们有易氧化的物质，要当心因氧化而着火 |
|---|---|---|---|
| 2 | | 当心爆炸——爆炸性物质 | 警告人们有可燃气体、爆炸物或爆炸性混合气体，要当心爆炸 |
| 3 | | 禁止用水灭火 | 表示：a.该物质不能用水灭火；b.用水灭火会对灭火者或周围环境造成危险 |
| 4 | | 禁止吸烟 | 表示吸烟能引起火灾危险 |
| 5 | | 禁止烟火 | 表示吸烟或使用明火能引起火灾或爆炸 |
| 6 | | 禁止放易燃物 | 表示存放易燃物会引起火灾或爆炸 |
| 7 | | 禁止带火种 | 表示存放易燃易爆物质，不得携带火种 |
| 8 | | 禁止燃放鞭炮 | 表示燃放鞭炮、烟花能引起火灾或爆炸 |

方向辅助标志

| 1 | | 疏散通道方向 | 与表2"紧急出口"标志联用，指示到紧急出口的方向。该标志也可制成长方形 |
|---|---|---|---|
| 2 | | 灭火设备或报警装置的方向 | 与表1和表3中的标志联用，指示灭火设备或报警装置的位置方向。该标志也可制成长方形 |

## 知识链接

### 火灾发生的规律

1. 火灾随着社会环境因素的变化而变化

由于火的利用是社会性的，因此，火成为灾害必然受社会上各种环境因素的影响，其中有经济的、技术的、政治的、文化的以及风俗习惯等因素。

（1）城市化、市场化建设进程加快，工业的发展，设备增多；交通的发展，交通工具增多；人民生活水平的提高，家用电器增多。总之，随着经济的发展，可能发生火灾的因素也增多，造成火灾增多。经济的发展，物质丰富，一旦发生火灾损失也将增多。

（2）自动化水平的提高，提高了监控质量；阻燃新材料的使用，使火灾难以发生；新技术的使用，使灭火设备更先进，灭火能力增强，技术支撑上坚强有力，起火成灾率降低。

（3）法制健全、消防管理和制度保障上严密有效，监督检查上严格细致，事故处理上严肃认真，火灾则少。反之管理失控，火灾将增多，损失也将增大。

（4）消防教育的普及，消防意识增强，人们遵守法律、法规的自觉性提高，思想认识上警钟长鸣，防火灭火知识的丰富，自身抗御火灾的警惕性和技能提高，起火成灾率会大幅降低。

（5）风俗习惯对火灾形成也有影响。文明生产、"小心灯火"等良好风气，给消防管理营造一个良好的社会环境，火灾趋势将会下降。不良风俗习惯，如违规燃放烟花爆竹、上坟烧纸、供神焚香、酗酒吸烟、乱扔烟头等容易产生火灾。

2. 火灾随季节变换而变化

我国地域广阔，各地经济发展、风土人情有所差异，但就火灾随季节的变换而变化而言，有着基本共同的规律：冬季（12～2月）火灾起数最多，夏季（6～8月）火灾起数最少，但损失最大。冬天气温低，生产、生活取暖用火、用气、用油、用电增多，夜晚照明时间加长，这是火灾多发的原因之一。

3. 火灾昼夜变化规律

火灾在一天24小时内呈现的一般规律是：白天起火次数多，深夜起火次数少。但从成灾率看，白天低，夜间高；从损失看，白天少，夜间多。亡人火灾和重特大火灾多发生在夜间。

# 第八章　—心理健康安全——

**第八章**

开篇导读

学生的心理健康，不仅影响着当前这个数量逐渐增加的群体，而且影响着未来人才的发展乃至国家的建设与发展。近年来学生的抑郁、自杀等问题日益引发社会关注。2020年9月国家卫健委发布了《探索抑郁症防治特色服务工作方案》，提出把抑郁症筛查纳入学生的健康体检内容，更是将学生作为四大重点防治群体之一。

情境导入

　　王某，女，某学校学生，入学时的成绩比较好，性格比较内向。开学不久，王某曾向辅导员老师透露其家庭经济状况较差，希望能够得到学校的帮助。王某比较胆小害羞，在参加各种社团竞选活动中屡屡受挫，很是失落。王某以前在初中因为成绩很好，深得老师器重和同学们的信任，进入学校后看着其他同学积极的表现，对自己的能力和信心产生了怀疑，再加上家庭经济状况较差，产生了巨大压力不能在校正常地学习和生活，有时甚至会产生幻觉。

　　班里的同学尤其是同宿舍的同学感觉到了她的变化，几位关系较好的同学积极开导王某，但是见效不大。由于经常情绪不稳定，王某身体状况出现问题，几次晕倒在教室和宿舍楼道，被送往医院并做了全面的检查，但结果显示王某身体上没有出现异常，被医生诊断为癔症。

情境点评

　　当代学生正处于心理走向成熟但又未完全成熟的时期，他们面临着角色的转换、环境的适应、学业的竞争、社会的挑战、人际关系的困惑等问题，在理想与现实、独立与依赖、自尊与自卑、自由与纪律等诸多矛盾和冲突面前，往往表现出心理承受能力弱、耐挫折能力差的弱点。有的学生不能正确对待挫折，稍不如意就怨天尤人，情绪波动较为普遍；有的学生受到挫折后，精神上长期处于压抑状态，产生情感失控，造成心理疾病，甚至做出破坏性的举动。因此，做好学生遭受挫折后的教育工作，是辅导员工作的重中之重。

知识梳理

## 第一节　学生心理健康分析

### 一、学生心理健康的现状

　　当前，中等职业教育的规模正在不断扩大，学生群体呈现出数量增长的趋势。对于这批学生来说，心理健康问题是一大难题。他们普遍压力较大，而且对未来的发展缺乏方向性和清晰认识。同时，许多学生存在心理障碍和心理健康问题，如焦虑、抑郁乃至自杀等。

学生心理健康
的现状

　　（一）沉重的学业压力

　　由于学习与就业紧密相关，职业院校学生的学习压力相对较大，他们所面对的学科复杂度、难度以及实践性的要求都较高。因此，学生在备战考试、完成学业任务等方面，常常深感沉重的学业压力，这对于学生的心理健康带来严重的影响。

（二）缺乏发展方向

由于对未来的发展方向没有明确的认识和规划，职业院校的学生没有明确的目标。这会让学生产生无所适从的感受，也容易出现消极情绪和紧张情绪。

（三）缺乏自我认识

职业院校学生普遍缺乏自我认识，尤其是在面对生活困境时，很难发现也很难解决自己的问题。这种缺乏自我认知的状态让很多学生感到孤独和无助，从而影响其健康心理发展。

（四）不愿意沟通

不会有效沟通也是学生群体的一大心理难题。职业院校的学生普遍缺乏沟通能力，而且与同龄人之间的问题也不愿意主动解决。这注定会让学生忽略了自身的健康和成长。

## 二、影响学生身心健康的因素

（一）生理因素

青春期学生的特殊性使得他们的心理因素和情绪都不够稳定，自我认识不够完善。在这个阶段，很多学生常常会因为各种生理上的原因产生自卑情绪。比如，女生可能会因为自己的外貌不尽如人意、皮肤不够白皙而产生烦恼，而男生则可能会受到身高和体型等原因的困扰，还有一些生理上存在缺陷的学生也很容易出现自我厌弃的心理。

（二）环境因素

学生心理因素研究主要应该从家庭环境因素、学校环境因素以及社会环境因素三个方面入手。

1. 家庭环境因素

孩子在来到这个世界的那一天开始就生活在家庭环境中，家长是孩子最好的教师，也是他们未来人生的奠基者。中国人的家庭观念非常浓厚，家庭教育往往是备受重视的，也是对孩子的成长影响最大的。在实际的家庭教育中，如果家庭关系不和谐，孩子的心理健康就势必会受到严重的影响。例如，有的家庭在处理孩子教育方面存在谬误，体罚和打骂如同家常便饭，更有甚者将孩子赶出家门，让孩子从心理上缺乏对家庭的信任感；还有父母离婚、父母失业等各种问题，都很容易让孩子对家庭温暖失去信心，给孩子尚未成熟的心理带来严重的打击。

2. 学校环境因素

相对于家庭环境因素而言，学校环境因素影响更多的是学生的青少年时期。就现阶段来看，中国的教育体系不断发展并且趋近完善，但不得不承认的是，仍然有很多可能对青少年心理健康产生不利影响的因素存在，这显然不利于青少年的健康成长，学校方面必须重视学生的心理健康成长，不能视若无睹。第一，部分教师虽然处在教育事业的第一线，却仍然保持着陈旧的思想，在日常教学中多次用语言嘲讽学生，使很多学生的心理受挫。第二，一小部分教师在其位不谋其职，在教学工作中不愿负责、不愿付出精力，对待班级里的后进生也是态度极差，体罚问题仍然存在，这很容易导致师生关系破裂，进而影响学生的健康成长。第三，有一部分教师自身心理也有一定的问题，心理稳定性较差，在遇到学生教育问题的时候情绪波动严重，这也可能会给学生的心理带来不良影响。

### 3. 社会环境因素

每个人都需要在社会环境下逐渐地得到磨炼，最终成长为一个有担当的完整的人。学生也不例外，他们的心理健康同样与社会环境息息相关。在实际的教学工作中不难发现，很多学生在知识经济高度发展的社会环境的影响下，对自己的低学历和就业问题产生担忧，不敢去面对社会的实际环境。除此之外，现在很多媒体在传播信息的时候没有进行筛选，给学生带来色情、暴力等不健康的信息，这不利于学生价值观念的正确树立；再加上近些年互联网的高度普及，让心理尚未发展健全的学生沉溺于网络游戏无法自拔，这也是导致学生心理健康问题的重要因素。

## 三、学生心理健康的标准及其应用

### （一）学生心理健康的标准

参照国内外心理健康的一般标准，结合我国职业学校学生的心理特征及特定的社会角色，将学生心理健康的标准概括如下：

（1）智力正常，善于学习。

（2）能认识自我，接纳自我，即既能了解自己又能接受自己，对自己的能力、性格和优缺点能作出恰当、客观的评价，又能主动努力发展自身的潜能。

（3）乐于与人交往，人际关系和谐。

（4）性别角色分化，性心理与身体发展同步，即乐于接受自己的性别，能按社会期望的性别角色塑造自己的形象。

（5）社会适应良好，勇于迎接挑战，能正确面对挫折。

（6）情绪积极稳定，即愉快、乐观、豁达、开朗及充满爱心的积极情绪总是占优势，能保持平常心。

（7）人格结构完整，即人格的构成要素如气质、能力、性格、理想和人生观等各方面平衡协调发展。

### （二）对于心理健康标准的理解和使用

上述标准只是为评价学生心理健康水平和学生心理健康的自我评价提供了一个参考的尺度，在具体运用这些标准时，应当持辩证的态度。

比如，心理是否健康与不健康的心理和行为表现是不能等同的。心理不健康，是指一种持续的不良状态，一个人偶然出现一些不健康的心理和行为并不等于其心理不健康，更不等于他患有心理疾病。因此，不能仅仅以一时一事就简单地给自己或他人下一个心理不健康的结论。

又如，心理健康与心理不健康，两者不是泾渭分明的对立面，而是一种连续状态，从良好的心理状态到严重的心理疾病之间还有一个广阔的过渡带。在许多情况下，异常心理与正常心理、变态心理与常态心理之间，没有绝对的界限而只有程度的差异。

再如，一个人心理健康不是固定不变的而是动态变化的过程。随着人的成长、经验的积累、环境的改变，其心理健康状况必然也会有所改变。

总而言之，人的心理健康是指一种持续的、积极的心理状态。个体在这种状态下，对环境有良好的适应能力，其生命具有活力，能充分发挥其身心潜能，就可被视为心理健康。据此，人的心理健康水平大体可分为三个等级：一是一般常态心理，表现为心情保持愉快，适应能力强，善于与他人相处，能较好地完成与同龄人发展水平相适应的活动，具有调节情绪的能力；二是轻度失调心理，表现出不具有同龄人所应有的愉快，与他人相处略感困难，生活自理能力较差，经主动调节或通过专业人员帮助后可恢复常态；三是严重病态心理，表现为严重的适应失调，不能维持正常的生活和工作。

> **思政小课堂：**
>
> 心理健康的标准是一种理想尺度，它一方面为人们提供了衡量心理是否健康的标准，另一方面为人们指出了提高心理健康水平的努力方向。如果每个人都在自己现有基础上做出不同程度的努力，都可追求自身心理发展的更高层次，就能够不断发挥自身的潜能。学生心理健康的标准，使他们能够进行有效的学习和生活。如果正常的学习和生活难以维持，学生就应该及时予以调整。

## 第二节 学生心理问题分析

### 一、学生心理不健康的具体体现

#### （一）自卑心理

自卑是人际交往的大敌。自卑的人悲观、忧郁、孤僻、不敢与人交往，认为自己处处不如别人，性格内向，总觉得别人瞧不起自己。自卑心理主要是由以下几种原因引起：过多的自我否定、消极的自我暗示、挫折的影响和心理或生理等方面的不足，如有的学生身材矮小、相貌丑陋、出身低微、学习成绩差等。这种同学在学校中为数不少，这就加大了学生管理的难度和学校教育的管理力度。怎么样才能让学生改变这种心理呢？首先，要教育学生用积极的态度来面对，让他们正确地认识自己，提高自我评价。其次，要引导学生采用"阿Q"精神胜利法，人无完人、金无足赤，学会积极与人交往，增强自信，任何一个交际高手都不是天生的。

#### （二）孤独心理

孤独是一种感到与世隔绝、无人与之进行情感或思想交流、孤单寂寞的心理状态。孤独者往往表现出萎靡不振，并产生不合群的悲哀，从而影响正常的学习、交际和生活。孤独心理主要是因为过于自负和自傲。怎么样才能够改变这种心理呢？首先要把自己融入集体，马克思说过：只有在集体中，个人才能获得全面发展的机会！一个拒绝把自己融入集体的人，孤独肯定格外垂青他！其次要克服自负和自傲的心态，积极参与交往。当一个人真正地感到与他人心灵相融、为他人所理解和接受时，就容易摆脱孤独心理了！

### （三）嫉妒心理

嫉妒是在人际交往中，因与他人比较发现自己在才能、学习、名誉等方面不如对方而产生的一种不悦、自惭、怨恨的心理。嫉妒的特点是：对他人的长处、成绩心怀不满；看到别人冒尖、出头不甘心，总希望别人落后于自己。嫉妒还有一个特点：就是没有竞争的勇气，往往采取挖苦、讥讽、打击甚至采取不合法的行动给他人造成危害。这种情况严重阻碍了学生的心理健康和交际能力，给学生成人和成才带来了莫大的困难，因为嫉妒会吞噬人的理智和灵魂，影响正常思维，造成人格扭曲！有嫉妒心的人应多从提高自身修养方面上下功夫，多转移注意力，积极升华自己的劣势为优势，采取正当、合法和理智的手段来消除这一心理。

### （四）交往困惑

异性交往是一个一直令学生棘手的社交障碍。有一些学生在不良心理因素的作用下，与异性交往时总感到要比与同性交往困难得多，以至于不敢、不愿甚至不能和异性交往。这些学生主要是因为不能正确区别和处理友谊与爱情的关系，部分学生划不清友情与爱情的界限，从而把友情幻想成爱情。学生的年龄本来就是一个情愫迸发的年龄，对异性的渴望本是正常的事。但受传统观念的影响，一些学生认为男女之间除了爱情就没有其他情感了，还没有树立起正确的"异性朋友观"。这必然会对学生异性间交往带来一定的消极影响。另外受舆论的影响，有的学校、教师、家长对男女同学之间交往横加干涉，这势必导致学生异性间不能正常交往。要摆脱异性交往的困惑，首先要摆脱传统观念的束缚，要开展丰富多彩的集体活动，因为集体活动有利于男女同学建立自然、和谐和纯真的人际关系；其次要讲究分寸，以免引起不必要的误会。

## 二、各种心理健康问题诱发因素

### （一）抗挫折能力差，引发压力难以适应

现在学生大多数是独生子女，与过去在艰苦年代成长起来的学生相比，这一代学生在抗挫折能力上有较大落差，而且目前有些学校对学生的心理教育不够重视。

### （二）性格偏执、情绪敏感，易诱发孤独、失落症

当代学生由于受独生子女家庭环境的影响，不少在性格上以自我为中心，自信偏执，易于冲动，随心所欲。这种在特殊环境中形成的个性

各种心理健康
问题诱发因素

造成人际交往能力差，少数学生因个性、价值观的差异等因素迟迟不能很好地融入新群体而产生孤独感；交朋友特别是交异性朋友中喜怒哀乐的不成熟处理、自我认知和认知

他人的偏差导致人际关系敏感，自卑失落，极易诱发心理问题和极端行为。

（三）失恋等情绪困扰，诱发冲动控制障碍症

现在学生谈恋爱现象比较普遍，然而学生谈恋爱成功率比较低，失恋问题突出。失恋造成学生心理失衡，引发各种心理问题。

（四）经济条件的差异导致心理落差，引发自卑

由于市场经济体制的作用，社会分配存在较大差异，"富二代""官二代"等社会热议的问题也给学生带来了影响。来自贫困地区或家庭经济状况不好的学生，与衣食无忧的"富二代"学生彼此的认同度有较大差距，容易导致情绪波动、价值观的动摇改变，并加剧同学间的矛盾。而且有的"富二代"学生由于对贫困学生缺乏同情心，可能会在朝夕相处中伤害到贫困学生的自尊，引发人际纠纷，导致贫困学生心理障碍的形成和加剧。

（五）毕业生就业压力大，引发"就业综合征"

当前在多元化价值观并存的市场经济和日趋激烈的竞争大背景下，青年群体面临着较大的生存压力、就业压力。不少毕业班学生有"就业综合征"，主要表现在求职过程中的焦虑、急躁、心神不宁，以及达不到期望后的意志消沉和情绪低落。学生一般就职期望值偏高，向往大城市，不甘心回小县城，同学间也必然会作收入、工作环境等方面的比较，所以他们会产生愤怒、不安、无奈、孤独等负面情绪。

## 第三节 学生心理危机与情感障碍应对

### 一、学生心理危机及应对

在科学技术飞速进步、知识爆炸的今天，人类也随之进入了情绪负重的年代。学生作为现代社会的组成部分，对社会心理这块时代的"晴雨表"自然就十分敏感。但是，学生作为一个特殊的社会群体，本身存在着许多特殊的问题，如对新的学习环境与任务的适应问题，对专业的选择与学习的适应问题，理想与现实的冲突问题，人际关系的处理与学习、恋爱中的矛盾问题以及对未来职业的选择问题等等。种种心理压力积压在一起，久而久之，就会产生心理上的障碍，心理危机也就随之产生。

日常生活中，我们经常听到"经济危机""政治危机"这样的概念，对于"心理危机"很多人感到很陌生。什么是心理危机呢？心理危机这一概念是美国心理学家卡普兰（G.Caplan）首次提出的。他认为，心理危机是当个体面临突然或重大生活事件（如亲人死亡、婚姻破裂或天灾人祸）时所出现的心理失衡的状态。每个人都在努力保持一种内心的稳定状态，使自身与环境稳定协调，当重大问题和剧烈变化使个体感到问题难以解决，平衡就会打破，正常的生活受到干扰，内心的紧张不断积累，继而出现无所适从甚至思维和行为的紊乱，进入一种失衡状态，这就是心理危机的状态。

那么有哪些原因导致学生产生心理危机呢？

第一，父母关系不和、离异，造成学生的心理创伤。第二，社会就业竞争激烈。第三，不适应学校生活环境。例如，同宿舍的学生各有各的个性，不能相互容纳，由此发生矛盾冲突，日积月累，却又不敢表达。第四，不适应学校学习环境。某些学生上初中时，升学的目标非常明确，但有时会突然失去目标，心中茫然，有一种失落感。第五，恋爱与失恋问题。第六，性行为问题。一类学生是过于封闭自我，导致性压抑；另一类学生是过于开放，随便发生性关系，之后又非常后悔自责。第七，就业观念滞后，就业期望值过高。一些学生和家长的观念没有随着时代的发展而转变，他们的求职期望值非常高，与现实不符。这样就给学生造成极大的心理压力。第八，社会贫富差距越来越大。同学间不同的消费水平会使有些同学产生心理落差和自卑感。

学生心理危机具有以下两方面鲜明特点：

第一，发展性。学生面对许多成长中必须解决的发展性课题，这些课题反映了社会对学生角色的要求，既是学生成长的外部动力，也是潜在的应激源。

第二，易发性。学生处在走向成熟的过渡阶段上，生理方面具备了成人的特征，但社会阅历和经验相对不足，处理问题的社会经验和能力更是有限，这种反差的存在，使得他们极易出现心理危机。

一般来说，学生心理危机的发生会经历以下几个时期：

第一，冲击期。在危机事件发生后不久或当时，感到震惊、恐慌、不知所措。

第二，防御期。表现为想恢复心理上的平衡，控制焦虑和情绪紊乱，恢复受到损害的认知功能，但不知如何做。此时会出现否认、合理化等心理防御反应。

第三，解决期。积极采取各种方法接受现实，寻求各种资源想方设法解决问题从而减轻焦虑，增加自信，恢复社会功能。

第四，成长期。经历了危机后变得更成熟，获得应对危机的技巧。但也有人消极应对而出现种种心理不健康的行为。

从危机的后果来说，会有四种不同结局：

第一种是顺利度过危机，并学会了处理危机的方法策略，提高了心理健康水平。

第二种是度过了危机但留下心理创伤，影响今后的社会适应。

第三种是禁不住强烈的刺激而自伤自毁。

第四种是未能度过危机而出现严重心理障碍。

那么我们该如何识别心理危机呢？

当一个人处在心理危机的状态，也就是心理失衡的状态，他会有一些言语、情绪、行为上的表现。一是直接表明自己处于痛苦、无望或无价值感中，觉得人活着有什么意思？为什么我那么倒霉？用语言表达生活没有意思，觉得老天对自己不公平。二是情绪不稳定容易流泪、抑郁，注意力不集中，容易被激怒或者过分依赖，也可能会用一些药物，甚至过分依赖这些药物，行为古怪。三是一个人的心理状态也会通过一些行为表现出来，如嗜睡、没有胃口等。

当心理危机发生以后，我们该怎么做呢？

第一，每个人都应该在日常生活中主动学习一些心理健康的知识，掌握一些鉴别心理问题的方法和心理调适的方法，这样可以帮助自己更好地去适应社会。第二，用科学态度对待心理问题，心理问题一点也不可怕，每个人都可能会有心理问题，但有心理困扰时，能够主动求助的才是聪明人。不要认为求助是一件没面子的事情，求助是虚心，是开放，也是一种幸福。第三，改变是一个持续的过程。只有长期持续地努力才能有所改变。

**思政小课堂：**

心理危机不是哪一些人的专利，人人都可能会遭受心理危机，因此我们不必感到难堪。我们有了心理准备，就不会再惧怕它，而是会积极地应对它。让我们通过自己的努力以及他人的帮助，正确面对人生的挫折和困惑，逐渐变得成熟起来，坚强起来，朝着自己希望的生活去努力。

## 二、学生情感障碍应对策略

情感教育是完整教育过程的一个组成部分，通过在教育过程中尊重和培养学生的社会性情感品质，发展他们的自我情感调控能力，促进他们对学习、生活和周围的一切产生积极的情感体验，形成独立健全的个性和人格特征，真正成为全面发展的人。

1. 转变观念

首先，教师要摘掉有色眼镜，主动与学生亲近，用亲情唤起学生的信任。其次，家长要转变思想，要明白学生上职业院校不是丢父母的面子，事实上只是分工不同，并无地位的差异。再次，社会要转变偏见。上职业院校学校的孩子并不差，他们可能语数外等学科成绩差，但并不代表他们在其他方面也逊色于其他孩子。每个学生都有值得人们认可、赞许的地方，我们应该支持、鼓励他们，应该体会他们心中那份渴望被关注、被呵护的心情。

2. 树立正确的人生态度、科学评价自我

人生中困难是不可避免的，要勇敢迎接挫折和困难带来的挑战，成为生活的强者。要学会科学地评价自己，尤其要扬其所长，消除不良情绪，换个角度看待自己。职业院校学生虽然学习成绩不好，但却有自己的爱好和特长。社会需要的是各种各样的人才，只要努力发掘自身优势，同样能做出惊人的贡献。

3. 加强学习方法指导

学习成绩差是造成学生自卑、缺乏自信心等心理问题的一个直接原因。所以我们要帮助学生养成良好的学习习惯和学习方法，应从基础知识、基本技能入手，切实抓好学生的基础，培养学生学习兴趣，让他们逐渐尝到成功的喜悦。

4. 开设心理教育课程，建立心理咨询与调解室

在职校开设的心理教育课程可以分为两部分：一部分为知识理论课。学生在心理知识的学习中明确认识，矫正观念，以积极的态度对待自己的心理冲突。另一部分为活动课。学生在活动中掌握一些如转移情绪、宣泄痛苦等心理调节手段，防患于未然。近年

来，学校非常重视学生心理问题的解决，不但增设了心理健康课，由心理专业教师对学生进行指导，还从医院聘请了心理医师定期来学校针对学生的心理问题进行治疗。

5. 正确认识逆反，学会控制自己的情绪

要使学生认识到逆反心理是青春期自我意识增强和追求独立意识的一种表现，是青少年从幼稚走向成熟的过程。但是也要看到逆反心理带来的问题，如不分是非、盲目冲动等。如果逆反心理过重，而自己又不善于处理和自我调节，则会给自身带来心理压力，引起心理障碍，还容易造成与家长、教师、亲朋好友感情疏远、关系僵化，甚至对立。因此，对于逆反，学生要学会接纳，但又要学会调节，努力控制自己的情绪，将其化为成长的动力。家长和教师也要努力为青春期的学生提供一个宽松的成长环境，帮助其顺利走过"疾风骤雨"的青春期。

"冰冻三尺，非一日之寒"。对于学生普遍存在的心理问题，其治疗不是一朝一夕就能完成的。我们要"随风潜入夜，润物细无声"，要如春风化雨一般，不着痕迹地用无私的爱去感化学生、激发学生，融化他们内心的坚冰，使他们最终走出心理问题的阴影。

> **小贴士**
>
> 情感障碍的调节及对策是一个系统工程，它的运作需要各方面支持系统的相互联合。目前的研究都把目光聚集在学校支持系统方面，而对其他方面的研究则相对较少。毋庸置疑，学校是学生情感障碍最直接和最关键的支持系统，但家庭和社会也是影响学生心理素质成长的重要因素。要使学生真正走出情感障碍的困境，还必须依靠家庭、社会等其他系统的支持。因此，一个完善的心理危机干预机制，必然是多方面支持系统各司其职、各尽其能的系统工程。家庭支持系统和社会支持系统在心理危机干预中的具体运作方式和模式，是一个有待深入的课题。

## 第四节　珍爱生命，消除自杀危机

人最宝贵的是生命，没有生命的世界是残缺的世界。生命是一切智慧、力量和美好情感的唯一载体。人生是个有始有终的过程。我们每个人都无法决定生命的长度，但我们可以掌握自己生命的宽度，即实现生命的意义，活出精彩，体现价值。生命总会面临无尽的挑战，唯有探索生命的意义，培养尊重生命的态度，关怀珍爱每一个生命的价值，热爱生活，才能拥有一个丰富的人生。

### 一、认识生命

#### （一）生命的意义

"生存还是死亡，这是一个问题。"这是莎士比亚戏剧中的主人翁哈姆雷特说的一句话。这句话道出了千百年来人们对生命的思考。关于生命的意义，从古至今，无论中外，人们一直在思考着，并结合时代发展和社会需要对开展生命教育提出了深刻独到的见解，进行了卓有成效的实践。生命意义在心理学研究中首先是作为临床概念出现的，这一概念是由美国著名的神经病学家和精神病学家、"意义治疗学派"创始人维克多·弗兰克尔根据存在主义哲学和自己在纳粹集中营的亲身经历提出来的。他认为，生命意义有助于克服心灵性神经症，即以冷漠、乏味和无目标为特征的心理病态。关于生命意义，有的学者曾给出了综合性定义，认为生命意义是"一个多维度的构念，包括一个人对自己存在的原则、统合和目标的认知，对有价值的目标的追求和获得，并伴随有实现感"。后来的研究者根据存在主义以及意义疗法的基本理论，又对生命意义进行了诠释。综合起来看，生命意义概念主要有三点内涵：

第一，从内容上来说，生命意义有三个核心特征：目标（purpose）、统合（coherence）以及实现感（sense of fulfillment）。首先，生命意义存在于目标追求之中。生命意义是一种有目标的感觉，或代表一个人把时间与精力投入在获得重要的有价值的目标上，生命意义几乎可以与生活目标画等号。每一个人的生命之所以存在都有其独特的原因，在其独特存在的过程中，他必须努力达到某些重要的目标。其次，生命意义建立在统合的基础上。统合是指人是由生理、心理、精神三方面需求满足的交互作用以及周围世界的交互作用构成的整体。生理需求的满足，使人生存；心理需求的满足，使人快乐；精神需求的满足，使人有价值感。统合即建立同一性，即认识个人独特性和外界条件之间的协调和谐的关系，亦即在整合个人潜能、外界环境和时空条件前提下，树立明确的有价值的目标，建立一致的人生哲学，理解自己生命与周围世界的规律。再次，生命意义伴随实现感。实现感是对自己生命目标实现或完成程度的体验，它通过成就感、满足感、充实感或价值感表现出来。我们不难想象，当一个人的生命意义感较为低落时，其忧郁情绪、焦虑情绪、自杀倾向或行为可能会随之提升；相反，当个体拥有较高的意义感时，则会带来积极心理效应，如建立自我认同感、促进生理与心理健康、以积极的观点看待事件等。

第二，从结构上来说，生命意义是一个多维度的心理概念。有的学者认为生命意义结构由认知、动机与情感三种成分构成。其中，认知成分是指一个人的信念系统或世界观，它反映了人的宗教信念和世俗信念。动机成分表现为选择目标和决定行动的价值观，由于人们是从目标的追求和获得中体验到意义的，因此动机成分也包括行动。情感成分是指目标达成后所产生的满足感和实现感。

第三，从性质上说，生命意义是相对稳定的个体差异变量。每个人的生命意义都是独特的，表现出个体差异性质。尽管生命意义在不同时间和不同条件下可能会发生改变，但它具有跨时间的相对稳定性。生命意义的个体差异性质主要体现在意义寻求、意义存现和意义来源三个方面。其中，意义寻求主要反映人在追寻意义时的活动强度与紧张度，意义存现主要反映人的意义感体验的丰盈与深刻程度，意义来源主要反映人在评判意义构成物的价值或重要性上的认知偏向程度。

随着积极心理学运动的兴起，生命意义研究重新受到人们的重视。在积极心理学看来，幸福生活不只是愉悦，而且要有意义。如果说，愉悦是快乐论幸福观的主要标志，那么意义则是完善论幸福观的核心指征。愉悦的生活所带来的幸福感短暂易逝，充实而有意义的生活所带来的幸福感则恒久绵长。从这个意义上来说，生命意义是总体幸福感的基础。研究表明，生命意义不但能预测人的幸福感和健康程度，还能预测人的消极情感和应对方式。有的学者的测量结果表明，生命意义能有效预测心理幸福感。有的学者研究发现，生命意义与心理幸福感有极显著正相关。有的学者则证实，忧郁、焦虑、物质滥用等症状和生命意义之间有显著的负相关。研究还揭示，生命意义不但能增进人的希望，而且在压力与抑郁中起到调节作用。青少年的生命意义越高，越可能选择积极应对方式。生命意义越高的人，其自我效能感也越高，相应地，也较少出现人际关系与社会适应问题。

---

### 课堂故事

药家鑫，男，西安音乐学院大三学生。2010年10月20日深夜，药家鑫驾车撞人后，发现伤者正在记录自己的车牌号码，因担心伤者是农村人会比较难缠，刺了伤者八刀致其死亡，此后驾车逃逸至郭杜十字路口时再次撞伤行人，逃逸时被附近群众抓获，后被公安机关释放。2010年10月23日，被告人药家鑫在其父母陪同下投案。2011年1月11日，西安市检察院以故意杀人罪对药家鑫提起了公诉。同年4月22日西安市中级人民法院一审宣判，药家鑫犯故意杀人罪，被判处死刑，剥夺政治权利终身，并处赔偿被害人家属经济损失45498.5元。5月20日，陕西省高级人民法院对药家鑫案二审维持一审死刑判决。2011年6月7日上午，药家鑫被执行死刑。

药家鑫事件发生后引发了社会各界的广泛关注和热烈讨论。药家鑫在该事件中表现出的冷漠、残忍激起了广大民众的愤慨，同时促使人们对此进行了深刻反思：是谁让药家鑫失去了理智、失去了人性？我们的教育到底出了什么问题？我们应该如何对待生命，开展生命教育？

近些年来，社会上出现了不少漠视生命、残害生命的现象，比较典型的如马加爵事件、弗吉尼亚大学校园枪杀事件、刘海洋事件以及一些高校大学生自杀事件，这些事件中暴露出的学生的认识之浅薄、心理之脆弱、行为之暴力、手段之残忍等，都让世人感到震惊。面对血淋淋的事实，人们不禁要问：是什么让一个原本善良的青年变得如此冷漠和凶残？我们的社会应该为这样的结果承担多大的责任？我们的教育应该如何避免出现类似的事情？

伴随着社会转型，学生群体中出现了人生目标物质化、价值取向多元化、价值追求功利化、价值体验感性化的倾向，引发了价值观念和行为的错乱。在这种背景下，学生承受着巨大的压力，在应对乏力的情况下不可避免地产生焦虑不安、抑郁恐惧等心理问题，进而出现苦闷彷徨、意志消沉、情感冷漠、空虚寂寞和了无意义等精神问题。在传统文化和现代文明、外来文化和本土文化发生冲突和矛盾的情况下，学生身上出现的价值观、伦理观方面的困惑和迷茫，已不仅仅是心理层面的问题，更是精神层面的问题。根据弗兰克尔的观点，学生存在的如抑郁、空虚、孤独等心理问题的产生和自杀行为的出现都源于生命意义的缺失，即学生由于自然生命需求的单方面满足和精神生命价值追求的失落而产生的一种消极的精神状态。

前面提到的药家鑫事件再次给我们敲响了警钟。药家鑫在大学期间，多次获得奖学金，在老师和同学眼中是位表现不错的学生。在他被拘留期间，他的同学和邻居还为他向公安部门递交了请愿书。这只能说明他是个表现尚可的学生，但他在撞伤人后不是去积极施救，而是害怕被纠缠而将对伤者致死，可见他处理应急事件、突发事件方面极其不成熟。这也从深层次上反映出他生命意识的淡薄和对他人生命的漠视。而马加爵、赵承熙等人，由于在社会适应、人际交往、个人发展等方面受到挫折，内心深处普遍存在着孤独、失落等情绪，久而久之就会对社会、对他人产生报复心理。因此，弗吉尼亚大学校园枪杀事件发生后，全校师生和社会各界人士在哀悼遇难者的同时，也在反思这场悲剧的根源。他们没有对凶手进行口诛笔伐，而是普遍认为，是学校、家庭和社会未能给予赵承熙及时的关怀和救治才导致其出现心理问题，并最终引发了这场悲剧。他们对赵承熙给予同情，把他也作为受害者一同悼念，充分显示了人性的光辉和伟大！

当再次回放和反省这些事件时，我们就会深切地感受到：长期以来，我们的社会、家庭和学校关注的重点主要集中在他们完成的被强加于自身的具体指标上，而绝少体察他们的内心世界和心理感受。这些同学都受到了完整的大学教育，在学校的表现也是中规中矩，但他们也存在社会阅历浅、人格不健全、心智不成熟、处事不理智等严重问题。这些无端剥夺其他生命的暴力事件，显示出一些学生心理的扭曲，缺乏对生命的深刻体验以及对生命基本的敬畏和尊重，生命意识极其淡漠。造成这种结果的原因是多方面的，其中既有学校教育中生命教育的缺失，也有家庭教育中人格培养的断层，还有个人发展中成长能力的欠缺，当然还包括社会环境中不良思潮的误导。

因此，我们的社会、家庭和学校要从这些事件中吸取教训，要为学生的成长成才创设良好的生活和舆论环境，要根据学生的心理特点和心理需求开展有针对性、人性化的教育。同时，这些事件也教育我们青年学生要在学习科学文化知识的时候提高生活和生存能力，学会冷静、稳妥地处理复杂问题、突发事情；丰富自己的情感体验，加强情商的培养，增强处理人际关系以及识别他人情绪的能力，学会尊重和敬畏自己和他人的生命。人的生命之所以珍贵，是因为每个人的生命只有一次，而且是独一无二的。作为有理想、有抱负的学生，应该将个人的生命融入社会发展的潮流之中，充分彰显生命存在的意义，使自己的生命历程更加璀璨辉煌！

（二）获得生命意义的途径

弗兰克尔认为，人要获得终极的存在意义，就必须在一定意义上忘掉"自己"，停止消极的自我探索，去积极探索人生的意义。弗兰克尔认为有三种途径可以获得生命的意义，即创造和工作、体验意义的价值以及对不可避免的苦难所采取的态度，这三种获得生命意义的途径分别对应于三种价值群，即创造性价值、经验性价值以及态度性价值。

1. 创造和工作

创造和工作与实现创造性价值相关。工作是发现生命意义的一个重要的途径，工作使人的特殊性在对社会的贡献中体现出来，从而使人的创造性价值得以实现。但简单的机械工作是不够的，人必须把握工作背后的意义和动机，只有这样，人才能在对工作的价值和意义的感悟中实现生命的意义，以积极的、创造性的、有责任感的态度赋予工作以意义。

2. 爱的价值

爱的价值与实现经验性的价值相关，可以通过体验某种事物，如工作的本质或文化，尤其是可以通过爱体验某个人，实现经验性价值，从而发现生命的意义。弗兰克认为，爱是深入人格核心的一种方法，它可以实现人的潜能，使人们理解到自己能够成为什么，应该成为什么，从而使人们原来的潜能发挥出来，爱可以让人体会到强烈的责任感，能够激发人们的创造性，在体验爱的过程中，可以发现生活的意义和价值。意义疗法引导人们学会并乐于接受爱，以及伴随而来的责任。

3. 态度的价值

与对不可避免的苦难所采取的态度对应的是态度性价值。弗兰克尔认为，人对命运的选择完全取决于人的精神态度，即使面对无法抗拒的命运力量，人仍然可以选择自己的态度和立场，通过实现态度性价值人们可以改变自己看待事物的视角，了解对于自己而言什么是最重要的，从中获得新的认识。在面对苦难时，重要的是人们对于苦难采取什么样的态度，用怎样的态度来承担苦难。弗兰克尔认为，许多症状都是由不良的态度导致的，通过改变态度可以使这些症状得到缓解。学生可以从弗兰克尔提出的寻求人生意义的三个途径中获得启示，在自己的生活学习中积极地寻找生命意义，实现生命的价值，从而超越空虚，获得生命意义感，达到良好的心理健康状态，这样才能使自己的人生更加精彩。

**思政小课堂：**

生命意义在个人面临危机和遭遇重大挫折时所发挥的作用是独一无二、无可替代的。生命意义能够调节由应激引起的忧郁情绪和一般健康问题，并能提高自尊。同时，生命的意义和价值在自我感和同一性形成过程中发挥着重要的作用，缺乏生命的意义和价值将会导致自我的无定型感和脆弱感。然而，如果给自我强加过度的意义和价值，则会极大地损耗自我的能量并导致出现各种形式的逃避行为，甚至是自我毁灭的逃避行为。弗兰克尔认为，无论在什么情况下生命都具有意义，人在寻求生命意义和价值的过程中可能会引起内在的紧张，但这种紧张是心理健康不可缺少的先决条件。此外，他还认为心理疾病的根源在于人们丧失了生活的意义，失去了生活的目标和方向。可见，生命意义应当是心理健康和人格完善的重要源泉。

**课堂故事**

刘某，男，山东学校学生。该生在一年级期间，学习上基本能达到学校的要求。进入二年级，该生感觉学校生活太枯燥，学习毫无意义，开始从网络游戏中寻找快乐，慢慢荒废学习，疏远班级活动。大二结束，该生多门课出现不及格，被学校以降级处理。后在学院领导和辅导员的共同努力下，学校同意其跟班试读。但在三年级期间，刘某上网打游戏的行为变得更加严重，经常旷课，夜不归宿。学院老师和同学多次去网吧找他，对他进行教育和劝导，但他每次上课持续不了多长时间，又开始出去上网。为躲避老师和同学，后来他将手机关闭，并变换不同的网吧。刘某家庭条件一般，父亲在济南打工，母亲在家务农。为了不让其整天待在网吧，其父还专门为他买了电脑。据其老师和同学反映，该生在思想认识上存在较大问题，他知道父母生活的艰辛，也认识到要好好学习报答父母，但对自己的人生没有一个完整的认识和长远的规划，心理素质和自制能力相对较弱。据刘某自己陈述，他不知道为谁而学、为谁而活，感觉生活很没意思；只有在游戏中才能忘却自我，找到快乐，但在游戏之后会感到更加空虚，然后变本加厉打游戏以寻求更大快感，等回到现实生活中时，感觉出现极大的不适应，尤其是和同学们在一起的时候，感觉自己特别没用，内心特别失落和自卑。大三结束，刘某因为多门课不及格，被学校要求降级。在新的班级中，刘某的状况丝毫没有改变，一个学期后，被学校勒令退学。

案例中，小刘找不到人生的方向，内心茫然、苦闷，学习没有兴趣，生活没有乐趣，整日陷入虚拟的游戏中，自我效能感较弱。其实，学校中像小刘这样的同学为数不少，他们感受不到生命的律动、勃发、精彩和喜悦，感受不到生命的意蕴深厚、丰富多彩。这些同学往往处在一种压抑、无助的生活状态中，他们意志薄弱，自控能力差，无法左右自己的行为，久而久之会导致学习效率下降，人际关系冷漠，人生方向迷失。

## 二、感悟生命

### （一）消极对待生命的原因

当前，我国进入了一个战略机遇期和矛盾突发期并存的时代。一方面，经济发展和社会进步为广大学生提供了获取信息、开阔视野、培养技能的宽广平台；另一方面，社会上的一些消极因素在一定程度上影响了学生的道德观念和行为习惯，导致部分学生道德观念模糊与自律能力下降。

**1. 盲目追求物质生活，精神家园荒芜**

现今社会中弥漫着一股拜金主义、功利主义、消费主义的恶俗风气，在一定程度上影响了在校学生。很多人渴望一夜成名，贪图物质享受，对待人生、社会、生活、爱情等的态度极其消极，感觉生活平淡、学习无用、爱情虚无、人生灰暗，对社会多有不满。他们往往热衷于追求感官的刺激，沉醉于世俗生活无法自拔，这样就会导致物欲泛滥、人际淡漠、道德沦丧、行为失范。因此，当代学生饱受信仰与道德危机的煎熬，面临不断加快的生活节奏和逐渐加大的竞争压力，找不到自己的精神家园和人生方向。案例中，小刘同学对自己的生命价值没有清醒的认识，感觉学习无用，在追求感官刺激中慢慢沉沦下去。俄国的革命家、哲学家、作家和批评家车尔尼雪夫斯基说："生活只有在平淡无味的人看来才是空虚而平淡无味的。"因此，学生要树立远大的人生目标，积极对待生活，既要仰望星空，又要脚踏实地，踏实走好每一步，从而为自己的生命历程增添光彩。

**2. 心理健康状况欠佳，自律能力较弱**

处在相对封闭环境下学习生活的当代学生，在社会急剧变革的情况下，不适应感不断增强，心理压力逐渐加大。面对来自学业、经济、择业、情感、人际关系等方面的压力，学生心理负担越来越重，部分学生因心理原因退学、休学，甚至犯罪。据统计，目前全国患有心理疾病的人大约有1600万，其中1/3是儿童、青少年，而且青少年呈上升趋势。案例中，小刘同学就存在严重的心理问题，他感觉学校生活不是他理想中的样子，厌倦学习又担心挂科，想与同学交往内心又极度自卑，想摆脱游戏又无能为力，处于极度矛盾和冲突之中。现实中相当一部分同学与小刘同学一样，存在理想和现实、独立性与依赖性、乐群交往与封闭孤独、情感与理智、自尊与自卑、竞争与求稳、性生理发展与性心理发展之间的矛盾和冲突。学生身心发展得不和谐、不协调，必然会对生命造成危害，导致生命质量的低下和生命价值感的缺失。

**3. 自我规划能力欠缺，虚度校园时光**

在现实中，有不少和小刘一样的同学，他们步入学校后，由于失去升学的动力，迷失了生活的目标，整天无所事事，虚度美好的校园时光，这实际上是对生命的浪费。

### （二）人生意义与生命价值的关系

关于生命价值的问题，或许奥斯特洛夫斯基的一段话最能震撼人心，他说："人最宝贵的是生命。生命每个人只有一次。人的一生应该这样度过：当回忆往事的时候，他不会因为虚度年华而悔恨，也不会因为碌碌无为而羞愧；在临死的时候，他能够说：'我的整个生命和全部精力，都已经献给了世界上最壮丽的事业……为人类的解放而斗争。'"生命诚可贵，不仅在于它的短暂，更在于它的价值，生命的价值和人的尊严是神圣而不可亵渎的。当代学生要关爱生命，正确认识生命的意义和价值，树立正确的生命价值观。每个人的生命过程是不一样的，但是每个人的生命有着各自的精彩。子曰：

"三军可夺帅也，匹夫不可夺志也。"李白诗云："天生我材必有用，千金散尽还复来。"毛泽东同志说："自信人生二百年，会当水击三千里。"历史上，无数仁人志士和寻常百姓为了社会发展和时代进步做出了自己的贡献。当代学生，是一个充满生机和活力的群体，他们沿着先辈的足迹，励精图治，奋发有为，在科技创新、志愿服务、支农支教、自主创业等方面做出了令人瞩目的成绩。

人生的意义与生命的价值决定于个体的质量，要实现生命价值，就要提高生命质量。生命的质即品质，包括智能的品质、人格的品质、道德品质、心理品质等，生命的量即生命的活力、力量。而个性品质的塑造、生命力量的增强只有通过探究学习和体验学习才能实现。学生还要学会创新，只有创新才能实现自我超越，不断提升生命的质量和价值。此外，学生还要学会无私奉献，只有在奉献社会、奉献他人的过程中才能体会到生命的美好，其生命才能得到升华；要正确地认识和处理人生中遇到的各种问题，不能得过且过、放纵生活、游戏人生，否则就会虚掷光阴，甚至误入歧途；要对自己负责、对家庭负责、对国家和社会负责，自觉承担起自己应尽的责任，满腔热情地投身于生活、学习和工作中，认认真真地做好每一件事，在为国家发展和社会进步贡献力量的过程中实现自己的人生价值。

**思政小课堂：**

对学生这个特殊群体来说，需要积极主动发现和探索人生的价值，懂得在满足物质需求的同时，要在精神世界里追求更高的境界。当代学生只有正确地理解人生价值的内涵，明是非、辨善恶、知荣辱，才能在实践中最大限度地创造人生的价值，成就人生的辉煌。

**知识链接**

### 家庭因素对学生心理健康状况的影响

在校学生的一系列心理状况，有许多是在其早期家庭环境所造成的。家庭因素直接影响到了学生的心理健康现状。有许多研究表明：学生部分心理问题来源于他们的家庭经济地位，家庭结构，家庭氛围和家长的教育方式。

（1）家庭的经济地位对学生心理健康产生重大影响。例如，某同学来自偏远的西南小山村，从小家庭贫困，他知道读书是唯一出路，然而中考失利，并未考上理想的高中而进入了一所学校。因此，自卑感使他不敢与其他同学交流，贫困而不能对大世界有更多的认识，使得他与别人缺少共同的语言。久而久之，他就成了孤僻自我的一个人。贫困的生活使他不得不勤工俭学，这无形中给他增加了各方面的压力，如学习跟不上、工作不顺心，他经常焦虑不安，进而产生了自卑、敏感不良的心理。

（2）家庭结构对学生心理健康有一定影响。例如，某同学，初中时期父母离异，而后长期由母亲教养。可能是因为家庭的不完整，他产生了自卑心理，整天闷闷不乐，对生活缺乏应有的激情，做事变得胆怯，缺乏自信，不太敢与人交流，讲话吞吞吐吐，情绪容易紧张突变，缺乏进取和积极向上的精神。再如，另一名家庭完整的同学，在父母的溺爱下长大，非常幸福，但是，独立自主能力很差，与同学相处时，爱耍小脾气，丝毫不顾及他人的感受，因为时常为他人所疏远，最后无所适从，产生了不良的心理。

（3）家庭氛围是影响学生心理健康的又一因素。家庭是个人最早接受教育的场所，父母是孩子的第一任老师。孩童时代大部分时间都是在家里度过的，他们最初的道德观念、价值观正是在家庭中形成的。个人的各种心理态度、心理品质、心理特点、性格以及行为习惯的形成与家庭环境和家庭氛围有着直接联系。在一个温暖和谐的家庭中成长的孩子，一定能够健康快乐地成长。而如果家庭充满冷淡、暴力、争吵，则孩子的身心必然会受创。

（4）家长教养方式对学生心理健康有直接的影响。例如，某同学，在学校经常以"小霸王"的形象示人，蛮横无理，性格暴躁，打架斗殴。多次接触后才知道，原来他父亲是军人出身，从小就以严厉粗暴的形式来教育他，以至于懵懂年代的他还曾怀疑父母对自己的爱，慢慢地就形成了有缺陷的个性。试想一下，如果当初父亲以温和的方式去关爱教育他，那么这名同学的性格应该会有所不同吧。看看那些大家闺秀，从小诗书沐浴，礼乐熏陶，言谈举止间尽显大家之气。

第九章

# 实验室安全

开篇导读

实验室是学科实践的基地，学生作为实验室使用者之一，其操作的规范性和安全性也是实验室安全管理工作的重点。

⟳ 情境导入

2022年6月上旬，某学校李同学给某分析仪充入氮气，充气若干时间后，该学生离开实验室去二楼（4~6分钟），当其返回该仪器旁时，观察窗口（直径约15厘米）的玻璃爆裂，碎裂的玻璃片将该学生右手静脉割破，腹部割伤，致大量出血，其他实验室的同学发现后，立即报"120"将该学生送医院抢救。

爆裂的玻璃片飞散至室内各处，其中一小块玻璃片高速撞击实验室门上的玻璃，并将该门上的玻璃击穿，可见爆炸的威力巨大。

✍ 情境点评

（1）该学生操作违规。该学生充气后，未将氮气钢瓶的总阀和减压阀关闭，就离开实验室去二楼办其他事，当他返回实验室关闭总阀和减压阀后回到该仪器旁时，立即发生了爆炸。长时间充气，致使该仪器内的压力高于其最高许可工作压力，观察窗口的玻璃因无法承受此高压而爆裂。这是发生该次事故的主要原因。

（2）仪器缺少安全防护装置。该仪器的观察窗口较大，直径约为15厘米，虽然该仪器主要在高真空下工作，若能为其设置安全防护罩（如设置一个有机玻璃箱，以罩住观察窗口），则可在一定程度上避免因人为误操作致过度充气时而发生窗口爆裂的伤人事故。然而，该仪器的玻璃观察窗口直接面对操作人员，缺少安全防护装置，增加了发生伤人事故的可能性。

（3）缺少规范的仪器操作规程。实验室管理存在缺陷，实验室未能给该仪器提供具体、准确的操作指南，如操作顺序、差错警示、充气时间、充气压力等。实验室仪器管理中缺少这种科学的操作指南，会给工作人员违规使用仪器、遗忘操作流程等留下机会。

🎓 知识梳理

## 第一节　实验室安全意识的培养

实验室是学校进行教学和科研的重要基地，是培养学生实践能力和创新精神的重要场所。实验室的管理是学校管理工作的重要组成部分，实验室管理工作的好坏，直接影响实验教学质量的好坏。如何做好实验室管理，使其科学化、制度化、规范化是实验教学人员值得探讨的问题。加强学校实验室的建设与管理，为实验教学提供良好的教学环境是办好学校的基本条件之一，实验教学人员的首要任务是管好、用好实验室，充分发挥实验室的整体效益。管理工作是实验室工作的关键，也是实验室工作的中心内容，更是实验教学的重要前提与根本保证。

## 一、学生实验室安全意识培养的必要性

纵观近些年来实验室安全事故发生的原因，无论是火灾、爆炸、中毒、灼伤、触电等，其事故发生的根源大部分都在于实验人员操作行为不规范，做实验过程中带有侥幸心理，冒险操作。实验室向来是存在一定危险的地方，稍有不慎和疏忽，轻者可能毁坏仪器设备，重者可能损毁实验室甚至造成实验人员伤亡等。最近几年，各学校招生人数呈上升趋势，生源与往年相比也有很大的差别。科技信息教育背景下成长起来的"00"后步入了学校。他们思想进步，具有独立的性格，接受知识的速度快，有独立认知事物的能力和创新意识。作为学校实验教学对象，需要根据实际情况寻找适合的方法和途径。所以，在新形势下加强安全意识教育、严格遵守实验室安全管理制度、规范实验操作技能、采取安全的防护措施、培养学生良好的实验习惯、提高安全素质和实验室安全意识是学校实验教学中必须做的工作，以避免实验室安全事故的发生。

## 二、实验室安全意识培养的方法和途径

### （一）采用不同授课方式加强知识学习

#### 1. 设置相关课程灵活授课

在课程设置中加入实验室安全知识的学习。实验室安全知识包括实验室安全相关法律和国家标准、实验室管理制度、实验室安全守则、实验事故的预防、有毒物品及化学药剂管理、事故的处理和急救，还包括各种灭火器材的辨别及使用方法。采取灵活多样的授课方式进行学习和培训，可以取得事半功倍的效果。例如：可以采用多媒体课件中PPT动画模拟展现、利用互联网媒体播放国内外安全事故案例、课堂教学情景模拟、课程竞赛师生互动等方式，把理论知识形象化，降低理解难度，加深学生记忆。

#### 2. 借助互联网平台引导学生自主学习

实验课程的教学不能照本宣科，只讲书本理论知识，要充分利用教学资源，实现平台共享，激发学生的学习兴趣自主学习。结合课程需要，由任课教师指定相关课程进行学习，也可以通过"学习通""雨课堂"等授课APP学习。学习时间和地点由学生安排，自主性强，后期有练习和考核用以检测学习效果。

### （二）加强实验室安全教育，防患于未然

#### 1. 组织学生参与实验室安全知识培训和讲座

开展实验室安全知识培训和讲座是培养学生实验室安全意识的途径之一。每年根据实验室安全教育需求制订培训方案，聘请实验室安全专家进校进行安全知识培训。另外，学校可以利用课余时间组织实验室安全知识专题讲座，或者聘请消防人员讲述一些实验室事故发生后如何进行自救的相关问题。从思想教育方面入手，用真实案例对学生进行实验室安全教育。这既可以培养学生实验室安全意识，又能提高学生的自我保护意识，防患于未然，预防实验室安全事故的发生。

2. 组织学生参加消防演练

为了达到"学以致用"的目的，确保实验室安全理论被学生掌握并应用于实践教学，学校每年联系消防组织部门进行消防演练，演练前组织专项消防演练培训，聘请消防专家结合"火灾"案例进行讲解，阐述实验室可能发生的各种事故的案例，包括遇到火灾后的逃生技巧。消防演练模拟火灾事故现场，由专业消防员现场演示消防器材的使用方法及注意事项。消防实战演练增强了师生在发生紧急情况时的应变能力和自我保护能力，也起到了防火演练安全教育的作用。

3. 组织实验室操作训练

实验室安全教育中的"演示"教学法可以起到事半功倍的教育效果。"言传身教"的教学模式比"纸上谈兵"更适合新时代的学生。实验教师课前编写实验任务书，突出教学重点和明确实训目标，标出安全事故易发点，要求学生严格遵守实验室安全守则和操作流程，通过仿真教学、模拟教学，多次实验反复练习。

（三）注重培养学生安全实验习惯

学生在实验时要严格按照仪器操作规程操作，不准在实验室使用明火，不能随意触碰电源，等等，特别是在化学、生物实验室接触有害气体或有毒气体前要做好自我防护。当仪器出现异常时要及时关闭电源、拔掉插头，同时第一时间上报实验室管理人员。实验结束后要清洁仪器、整理设备、打扫实验室卫生、关闭门窗，经实验教师进行安全检查后才能离开实验室。实验教师在教学过程中要反复强调《实验室安全管理制度》和《实验室安全守则》，要求学生从细节入手养成实验室安全实验习惯。

---

**思政小课堂：**

"细节决定成败"，从学生进入实验室的那一刻起，良好的实验环境是科学实验的保障，安全实验习惯是避免事故发生的前提。

---

（四）综合多种考核方式

实验考核内容以实验室安全规则制度和操作规范为主，考试形式根据培养需要可以采用"传统模式"和"创新模式"交替进行。"传统模式"是把考核纳入实验教学成绩评定的一部分，通过学生日常实训报告和实操训练对实验室安全规定进行评分，按比例计入期末总成绩。"创新模式"是指利用微信小程序举办知识竞赛，或者用"游戏冲关"的形式考查学生知识的应用能力。两种模式综合考核，"形式多样"会激发学生的学习兴趣，学生通过不断答题对掌握的知识进行了复习。

实验室作为学校重点建设项目之一，其安全管理也受到了关注。本节提出的培养学生实验室安全意识的方法和途径，有利于加强和完善实验室安全管理制度，提高学生在实验过程中自我保护意识，养成规范的安全操作习惯，增强了学生自我管理和约束的能力。这为各学校实验室安全管理工作提供了一道安全屏障，也推动了学校实验室的建设和发展。

## 第二节　实验室安全事故的发生原因、应急处理

近年来，随着学校招生规模的扩大，科研队伍的扩张，实验室人数急剧增加，如果学校没有一套合适的实验室安全教育模式，众多人员进入实验室后将使得实验室安全问题更加突出，从而导致更多安全事故发生。同时，实验室事故发生往往会造成实验室人员的伤亡、实验设备的损毁，使个人、家庭、学校及社会都蒙受重大损失。据统计，实验室安全事故90%以上都是由人为主观原因引发的，继而看到事故中受伤害的人员往往也是缺乏安全知识的人员。

实验室事故发生的原因

### 一、实验室安全事故发生的原因

（一）实验室危险源头

学校实验室里经常用到各种易燃易爆的危险化学品、剧毒品、特种设备等，这些材料和设备都易引起实验室安全事故的发生。近年来，实验室安全事故频频见诸报端。例如：浙江大学化学系一位教师在做实验室中，误将一氧化碳气体接至一位博士生所处实验室的输气管，致使该名博士窒息死亡；东北农业大学也是由于安全意识淡薄，忽视动物免疫检查，导致28名师生在实验室感染布鲁氏杆菌传染病。众多实验室安全事故表明，一旦缺少系统的实验室安全教育，实验人员没有掌握必要的安全技能，安全理念没有深入人心，必然会导致实验室安全事故发生。

（二）实验室事故发生原因的分析

1. 安全意识淡薄

首先，虽然随着社会历史的进步，人们的安全意识也逐步有了提高，但是许多学校对安全教育的重视程度依然不够，没有将安全教育列入学校整个教育体系中，没有完整的安全教育教学计划，缺乏安全教育的长效机制，往往使安全教育形式化、表面化，不科学的安全教育无助于实验室人员形成安全习惯，甚至使之应付了事，安全教育无法深入人心；其次，实验室人员的安全观念和态度不正确，缺乏遵守规章的意愿，众多实验室安全事故都是由于实验人员图省事、违章操作规程造成的。

有的实验室为贪图方便和节省费用，把化学废液倾倒入下水道中，或随意丢弃有毒废物，对他人人身健康和房屋基础设施都造成重大损伤。为防止实验室废弃物的错误处理，对人员造成健康安全影响，按照国家有关规定，学校应当加强"三废"的安全环保意识教育，严格按照法律法规处理三废。一般化学品实验产生的有毒废气，需通过通风橱和通风管道，经过过滤、稀释和其他办法处理后排到空气中；化学废液根据不同种类放入合适的容器中，容器外标明废液的名称、数量，必要时需要实验室先进行预处理，再由学校统一收集、存放，委托有资质的处理单位进行废液回收处理；能够自然降解的有毒废渣，要集中深埋，实验室无法处理的废渣，也要委托有资质的处理单位进行废渣回收处理。

### 2. 安全知识不足和安全技防不完善

学校实验室种类繁多，加上实验设备不尽相同，各类实验室危险源也不一样，对安全知识和技能的要求也就不一样，使得实验室安全管理存在很大复杂性，增大了管理的难度。实验室危险源主要来自化学危险品、易制毒、剧毒品、易燃易爆品、高温高压设备、气瓶、电器设备、放射性同位素、X射线等。学校对于各类危险源都应该严格执行有关规定，而且实验人员必须掌握相应的安全知识和技能。例如：剧毒品使用管理非常严格，购买剧毒品必须向市公安局提出申请，经批准取得许可证后方准购买；剧毒品使用中实行"五双"制度管理，即"双人保管、双人领取、双人使用、双把锁、双本账"；剧毒品使用场所和操作人员，必须配有专用的防护用品，操作结束后必须更换工作服，否则不得离开作业场所；严禁用手直接接触剧毒化学品，不得在剧毒化学品场所饮食；剧毒品必须储存于库房保险柜中，库房安装报警器；等等。

实验室设备陈旧老化，安全技防实施落后，往往是造成实验室事故的另一个重要原因。安全技防是学校确保实验室安全的一个重要客观条件，随着现代技术的不断发展，技术防范在安全防范中的地位和作用越来越重要，完善的技防能够保障实验室安全。学校实验人员只有掌握了正确的安全知识和安全技能，熟悉实验设备的安全技防设备才能有效避免安全事故的发生。例如：学校气瓶管理不当也经常导致安全事故的发生，我们在实验室检查中经常看到未固定的气瓶，有的甚至摆放在过道中，一旦钢瓶滑倒后极易造成安全事故，这就要求所有使用气瓶的实验室都应安装铁链将气瓶固定在墙上或安置在钢瓶推车上，并配备和使用其他的技术防护措施。

### （三）实验室安全教育模式

### 1. 强化实验室安全教育

实验人员进入实验室前一定要掌握相应安全知识，知道实验室一些常见的安全隐患，学习实验室安全基本知识、国家有关法律法规等理论知识。2002年9月1日起实施的《学生伤害事故处理办法》第五条明确指出：学校应当对在校学生进行必要的安全教育和自护自救教育；应当按照规定，建立健全安全制度，采取相应的管理措施，预防和消除教育教学环境中存在的安全隐患；当发生伤害事故时，应当及时采取措施救助受伤害学生。法律法规给予安全教育的法律指导，使得安全教育有法可依。

> **⟡ 小贴士**
>
> 实验人员主要包括实验教师和学生，他们是实验室安全工作的管理者和参与者，他们的素质条件、掌握的安全环保知识以及对安全工作的重视程度，直接或间接影响着实验室安全管理水平。如果他们的安全防范意识较强，许多事故是可以避免的。因此，我们开展实验室安全环保教育的主要对象是需要进入实验室的教职工和学生。

2. 实验室安全生产教育方式和流程

实验室与设备处联合教务处、研究生院和人事处一起搭建面对全校师生员工的安全教育平台，通过该平台系统的安全教育，全校师生员工能够掌握安全知识和技能，提高安全防护能力，减少安全事故的发生。实验室安全生产教育平台系统采用安全专题讲座、课堂学习、网络在线学习等多样式教育形式，内容涵盖机电、化学、生物、电气、实验动物、高温冶炼等各个专业。实验室安全生产教育分为四个步骤：①学校层面实验室安全生产通式教育；②院系层面实验室安全生产通式教育；③实验室层面安全生产专业知识教育；④完成通式教育和专业安全生产教育后参加考试，考试不合格的学生要重新接受教育学习。涉及实验室工作的教职工根据自己情况，参加其中全部或部分步骤的学习。所有人员考试合格后必须签约安全承诺书，方可进入实验室开展学习和工作。此外，学校还可以定期组织开展各种类型的上岗证安全教育培训，包括安全生产管理人员证、危险化学品管理证、特种设备管理证和操作证等，确保所有人员都经过培训后持证上岗。

3. 开展事故应急预案的演练

安全教育往往是学习安全知识的过程，只有把这些安全知识用到实际中，才能体现安全教育的效果。所以，学校制定各类安全事故预案后定期开展演练，提高实验人员在事故发生时的应急处理能力。

---

**思政小课堂：**

学校通过开展实验室安全生产系统教育，让学生和教职工在进入实验室前都经过系统的学习，得到很好的安全教育，掌握必要的安全知识，提高安全的实验操作能力和应急救助能力，并通过事故应急演练进一步树立和强化广大师生员工的安全意识，提高他们的安全技能，真正做到"安全第一、预防为主"。实验室安全教育管理体系是一个长期机制，对此，我们应当安全警钟长鸣，安全教育常抓不懈。

---

## 二、实验室安全事故应急处理

（一）实验室安全管理制度及流程

1. **实验室安全管理制度**

（1）要严格执行国家法律、法规和安全管理规定，加强实验室安全的监督和管理，对可能影响实验室工作的安全隐患进行控制。

（2）实验室和楼道内必须配置足够的安全防火设施。消防设备要品种合适，定期检查保养，大型精密仪器室应安装烟火自动报警装置。

（3）走廊、楼梯、出口等部位和消防安全设施前要保持畅通，严禁堆放物品，不得随意移位、损坏和挪用消防器材。

（4）易燃、易爆药品专人专柜存放保管，并符合危险品的管理要求。剧毒药品应由两人保管，双锁控制，存放于保险箱内。建立易燃、易爆、剧毒药品的使用登记制度。

（5）普通化学试剂库设在检验科内，由专人负责，并建立试剂使用登记制度。领用时应符合审批手续，并详细登记领用日期、用量、剩余量，领用人要签字备案。

（6）凡使用高压、燃气、电热设备或易燃、易爆、剧毒药品试剂时操作人员不得离开岗位。

（7）各种电器设备，如电炉、干燥箱、保温箱等仪器，以实验室为单位，由专人保管，并建立仪器卡片。

（8）做好计算机网络安全工作，防止病毒侵入，防止泄密。

（9）每天下班时，各实验室应检查水、电安全，关好门窗。各方面进行安全检查，确保无隐患后，方可锁门离开。值班人员要做好节假日安全保卫工作。

（10）检验过程中产生的废物、废液、废气、有毒有害的包装容器和微生物污染物均应按属性分别妥善处理，以保证环境和实验室人员的安全和健康。

（11）任何人发现有不安全因素，应及时报告，迅速处理。

（12）科主任要定期检查安全制度的执行情况，并经常组织安全教育培训，定期召开医疗安全工作全员会议，总结发生的差错或事故，分析原因，排查实验室不安全因素，提出整改措施。

2．工作人员和实验室安全的一般要求

（1）实验室工作区内绝对禁止吸烟，杜绝易燃液体的潜在火种和传染细菌以及接触毒物的途径。

（2）实验工作区内不得有食物、饮料及可能摄入的其他物质。实验室工作区内的冰箱禁止存放食物。

（3）处理腐蚀性或毒性物质时，须使用安全镜及其他保护眼睛和面部的防护用品。使用、处理能够通过黏膜和皮肤感染的试剂，或有可能发生试剂溅溢的情况时，必须佩带护目镜、面罩。被血液或其他体液溅到，立即用大量的生理盐水冲洗。

（4）工作服除要符合实验室工作要求外，还应干净、整洁。所有人员在各实验区内必须穿着遮盖前身的长袖隔离服或长袖长身的工作服。当工作中有危险物喷溅到身上的可能时，应使用一次性塑料围裙或防渗外罩，必要时佩戴手套、护目镜或面罩等，个人防护服装应定期更换以保持清洁，遇到被危险物品严重污染，则应立即更换。

（5）在有可能发生液体溅溢的工作岗位，可加套一次性防渗漏鞋套。

（6）工作人员佩戴工作帽，头发不外露。实验室操作不准佩戴首饰，防止污染。

（7）在操作粉尘、有毒气体、烟雾、蒸气时，实验人员应佩戴呼吸面具，以防止吸入有害气体和污染的空气。

（8）所有实验室禁止用口移液操作，应使用助吸器。

（9）每天清理实验室垃圾。

3．工作环境和设备

（1）根据具体情况，实验室分为"清洁"区和"非清洁"区。"清洁"区应保持清洁，实验人员在"清洁"区触摸键盘、门把手及其他物品前应取下操作手套，防止污染。

（2）设备应该定期清洗和消毒，在发生严重污染后应立即进行清洗和消毒，进行清洗、消毒时要戴上手套、穿上工作服或其他合适的防护服。

（3）不得在电灯、灯座或仪器上进行装饰，防止引起火灾危险。

（4）操作玻璃器具时应遵循下述安全规则：

① 不使用破裂或有缺口的玻璃器具。

② 接触过传染性物的玻璃器具，清洗之前应先消毒。

③ 破裂的玻璃器具和玻璃碎片应丢弃在有专门标识的、单独的、不易刺破的容器里。

④ 高热操作玻璃器具时应戴隔热手套。

（二）防火安全准则

1．易燃易爆物

（1）易燃性液体的供给量应控制在有效并安全进行实验的最小量。待处理的用过的可燃性液体也应计算在内。

（2）禁止用冰箱储存易燃液体，如果确实需要，应存放在专门的防爆冰箱内。冰箱应远离火源。

（3）从储藏罐里倒出易燃液体，应在专门的储藏室或通风橱内进行。运送易燃液体时，其金属容器应有接地装置。

（4）加热易燃易爆液体（燃点低于94℃）必须在通风橱进行，不能用明火加热。装易燃易爆物的容器应经当地有关消防部门审核批准。

2．火源隐患

（1）常见的火源是明火、加热器件和电火花（电灯开关、电动机、摩擦和静电）。

（2）应对电气设备的接地、漏电和墙上插座的接地、极性进行年度检查。应尽量消除各种火源隐患。

（3）实验室应配备足够扑灭各种火情的装置，并根据要求对灭火器进行定期检查维修。

① A类灭火器多数为消防水栓，适用于固体可燃物（如纸、木材、塑料）引起的火灾。

② B类灭火器适用于汽油和溶剂引起的火灾。B类灭火器多数为二氧化碳或化学干粉，如碳酸氢钠。

③ C类灭火器适用于电气引起的火灾。所有工作人员都应知道电开关的位置以及切断失火电器电源的方法。

（4）警报系统应进行年度安全检查，随时检修、维护。

（三）用电安全准则

1．仪器用电

（1）每年至少对所有电插座的接地和极性、电缆的完整性进行一次检查，并将结果记录在案。可移动的设备应接地或采用更先进的方法防止触电，全部塑封无法接地的仪器除外。新设备在使用前应进行同样的检查。

（2）实验室应装有足够的插座，分布要合理，以减少在插座上接上其他多用插座和避免拖拉过多的电线。

（3）在空气中存在达到一定数量的易燃气体或蒸汽有可能形成可爆性混合物的危险环境下，应使用专门为此设计的防爆电器设备。

2. 维修与维护

（1）所有电器设备和涉及开关、插座、配电箱、保险丝、断路器的维修与维护只能由专门维修人员进行。

（2）除校准仪器外，仪器不得接电维修。维修人员在维修时要确保手干燥，取下所有的饰物（如手表和戒指），然后谨慎操作。

（3）接地电器设备必须接地或用双层绝缘。电线、电源插座、插头必须完整无损。在潮湿环境的电器设备，要安装接地故障断流器。

---

**思政小课堂：**

在实验室的安全检查和管理中发现，部分人员对化学品的危害、储存、防护、应急处置等没有充分的了解，操作过程中存在偷懒、侥幸心理，没有严格遵守操作规范。要切记"安全是没有万一的"，我们"宁可千日慎重，不能一时大意"，我们要及时吸取教训、总结经验，做好各项防范工作。真心希望大家把安全牢记心中，并把它真真切切地贯穿到各项工作当中。

---

## 三、实验室突发事故应急处理措施

### （一）实验室火灾应急处理措施

（1）发现火情，现场工作人员应立即采取措施处理防止火势蔓延，并迅速报告。

（2）确定火灾发生的位置，判断出火灾发生的原因，如压缩气体、液化气体、易燃液体、易燃物品、自燃物品等。

（3）明确火灾周围环境，判断出是否有重大危险源分布及是否会带来次生灾难发生。

（4）明确救灾的基本方法，并采取相应措施，按照应急处置程序采用适当的消防器材进行扑救：包括木材、布料、纸张、橡胶以及塑料等的固体可燃材料的火灾，可采用水冷却法，但对珍贵图书、档案、易燃可燃液体、易燃气体和油脂类等化学药品火灾应使用干粉灭火剂灭火；带电电气设备火灾，应切断电源后再灭火，因现场情况及其他原因不能断电，需要带电灭火时，应使用沙子或干粉灭火器，不能使用水。

（5）依据可能发生的危险化学品事故类别、危害程度级别，划定危险区，对事故现场周边区域进行隔离和疏导。

（6）视火情拨打"119"报警求救，并到明显位置引导消防车。

（二）实验室爆炸应急处理措施

（1）实验室爆炸发生时，实验室负责人或安全员在其认为安全的情况下必须及时切断电源和管道阀门。

（2）所有人员应听从临时召集人的安排，有组织地通过安全出口或用其他方法迅速撤离爆炸现场。

（3）迅速安排抢救工作和人员安置工作。

（三）实验室中毒应急处理措施

实验中若感觉咽喉灼痛、嘴唇脱色或发绀、胃部痉挛或恶心呕吐等症状时，则可能是中毒所致。视中毒原因施以下述急救后，立即送医院治疗，不得延误。

（1）首先将中毒者转移到安全地带，解开其衣领扣，使其呼吸通畅，让中毒者呼吸到新鲜空气。

（2）误服毒物中毒者，须立即引吐、洗胃及导泻。患者清醒而又合作，宜饮大量清水引吐，亦可用药物引吐。对引吐效果不好或昏迷者，应立即送医院用胃管洗胃。孕妇应慎用催吐救援。

（3）重金属盐中毒者，喝一杯含有几克$MgSO_4$的水溶液，立即就医。不要服催吐药，以免引起危险或使病情复杂化。砷和汞化物中毒者，必须紧急就医。

（4）对于吸入刺激性气体中毒者，应立即转移离开中毒现场，给予2%～5%碳酸氢钠溶液雾化吸入、吸氧。气管痉挛者应酌情给解痉挛药物雾化吸入。应急人员一般应配置过滤式防毒面罩、防毒服装、防毒手套、防毒靴等。

（四）实验室触电应急处理措施

（1）触电急救的原则是在现场采取积极措施保护伤员生命。

（2）触电急救，首先要使触电者迅速脱离电源，越快越好，触电者未脱离电源前，救护人员不准用手直接触及伤员。使伤者脱离电源的方法如下：

①切断电源开关；

②若电源开关较远，可用干燥的木棍、竹竿等挑开触电者身上的电线或带电设备；

③可用几层干燥的衣服将手包住，或者站在干燥的木板上，拉触电者的衣服，使其脱离电源。

（3）触电者脱离电源后，应视其神志是否清醒。神志清醒者，应使其就地躺平，仔细观察，暂时不要让其站立或走动；如神志不清，应就地仰面躺平，且确保气道通畅，并于5秒时间间隔呼叫触电者或轻拍其肩膀，以判定触电者是否意识丧失，禁止摇动触电者头部。

（4）应立即就地对触电者用人工肺复苏法实施抢救，并设法联系校医务室接替救治。

（五）实验室化学灼伤应急处理措施

（1）强酸、强碱及其他一些化学物质，具有强烈的刺激性和腐蚀作用，发生这些化学灼伤时，应用大量流动清水冲洗，再分别用低浓度的（2%～5%）弱碱（强酸引起的）、弱酸（强碱引起的）进行中和。处理后，再依据情况而定，做下一步处理。

（2）化学物质溅入眼内时，在现场立即就近用大量清水或生理盐水彻底冲洗。每一实验室楼层内必须备有专用洗眼水龙头。冲洗时，眼睛置于水龙头上方，水向上冲洗眼睛，时间应不少于15分钟，切不可因疼痛而紧闭眼睛。处理后，再送眼科医院治疗。

### 课堂故事

2022年9月19日晚8时许，某学校实验室的李某在准备处理一瓶四氢呋喃时，没有仔细核对，误将一瓶硝基甲烷当作四氢呋喃投到氢氧化钠中。约过了一分钟，试剂瓶中冒出了白烟。李某立即将通风橱玻璃门拉下，此时瓶口的烟变成黑色泡沫状液体。李某叫来同实验室的一名教授请教解决方法，立即发生了爆炸，玻璃碎片将二人的手臂割伤。

这是一起典型的误操作事故。它告诫我们，在实验操作过程中的每一个步骤都必须仔细、认真，不能有半点马虎；实验台、工作台要保持整洁，不用的试剂瓶要摆放到试剂架上，避免试剂打翻或误用造成事故。

### 知识链接

#### 教育部印发《关于加强高校实验室安全工作的意见》

2019年5月22日，教育部印发《关于加强高校实验室安全工作的意见》（以下简称《意见》），要求各地各校深入贯彻落实中共中央、国务院关于安全工作的系列重要指示和部署，深刻吸取事故教训，切实增强高校实验室安全管理能力和水平，保障校园安全稳定和师生生命安全。

安全是教育事业不断发展、学生成长成才的基本保障。近年来，教育系统树立安全发展理念，弘扬生命至上、安全第一的思想，高校实验室安全工作取得了积极成效，安全形势总体保持稳定。但是，高校实验室安全事故仍然时有发生，暴露出实验室安全管理仍存在薄弱环节，突出体现在实验室安全责任落实不到位、管理制度执行不严格、宣传教育不充分、工作保障体系不健全等方面。

《意见》强调，要提高认识，进一步提高政治站位，充分认识复杂艰巨性，强化安全红线意识，深刻理解实验室安全的重要性，坚决克服麻痹思想和侥幸心理，切实解决实验室安全薄弱环节和突出矛盾，掌握防范化解遏制实验室安全风险的主动权。

《意见》要求，各地各校要强化落实，通过强化法人主体责任、建立分级管理责任体系，健全实验室安全责任体系，营造人人要安全、人人重安全的良好校园安全氛围。

　　《意见》明确，要务求实效，建立安全定期检查制度、安全风险评估制度、危险源全周期管理制度、实验室安全应急制度，完善实验室安全管理制度；同时，通过持续开展安全教育、加强知识能力培训，持之以恒狠抓安全教育宣传培训。

　　在组织保障方面，《意见》要求各高校保障机构人员经费，加强基础设施建设，加强安全工作能力建设。

　　《意见》对责任追究提出明确要求，要求各高校将实验室安全工作纳入工作考核内容，建立安全工作奖惩机制和问责追责机制，对发生的实验室安全事故开展责任倒查，严肃追究相关单位及个人的事故责任，依法依规处理。对于实验室安全责任制度落实不到位、安全管理存在重大问题、安全隐患整改不及时不彻底的单位，学校上级主管部门会同纪检监察机关、组织人事部门和安全生产监管部门，按照各部门权限和职责分别提出问责追责建议。

第十章 ——日常生活安全————

开篇导读

现代社会飞速发展，生活水平不断提高，但是在我们的生活条件提升的同时，也有各种各样的安全问题和安全隐患出现在我们的身边，可能在大家的不经意之间就会出现问题，造成悲剧。每天世界上都有因为如车祸、火灾、食品等安全问题被夺去生命的人，这些悲剧也随时可能发生在自己或亲朋好友身上，所以我们在学习与生活中要学会防患于未然，避免悲剧的发生。

　　某年6月11日凌晨，南京某学校17名学生聚餐，在学校门口一小吃摊上购买了大量烧烤食用，结果14人亚硝酸盐中毒。南京玄武警方接报后，立即查封了涉事小吃摊，扣押了小吃摊的所有食材，并将摊主赵某夫妇控制。

　　经过审查，赵某夫妇交代，他们在学校附近摆摊，并未取得经营许可证和卫生合格证，烧烤所用的食材如鸭心、鸡翅、猪蹄等，都是从批发市场购买的冷冻品，拿回自己暂住处后进行腌制加工，然后做成烧烤。腌制加工的盐、味精等调料，有部分是从批发市场购入，还有的来自超市。腌制这些食材的主要是赵某的妻子，而她在腌制这些食材时，只是用很普通的塑料盆进行，也没有戴手套，腌制好后，就用超市购物的塑料袋进行包装。

　　街头烧烤吃不得。街头烧烤使用食用亚硝酸盐浸泡肉串，既可以保持肉串新鲜，颜色漂亮，又不影响其味道（亚硝酸盐也有咸味，可以代替食盐），几乎已经是公开的秘密。亚硝酸盐是国家标准允许在肉制品（如火腿肠）中限量使用的食品添加剂，但在街头用于烧烤时，根本没有人在乎什么标准，时常造成中毒事件。而且更严重的是，长期慢性摄入亚硝酸盐可以致癌。

# 第一节　饮食安全

　　健康的身体是保证学生正常学习和生活的前提。确保饮食安全，预防食物中毒，除了要求有关部门加强管理、食堂等从事餐饮业的单位严格遵守食品卫生防疫制度外，学生也应掌握一些饮食安全常识。

## 一、食物中毒

　　由于现在人们饮食的多样化，食物中毒的出现率越来越高。顾名思义，食物中毒就是吃了不洁的食物导致的机体中毒现象，能引起人体内的失衡以及中毒症状的出现，没有及时处理的话会引起身体的损害，所以要引起重视。

　　（一）食物中毒的类型

　　1. 根据临床表现分类

　　（1）胃肠型食物中毒。胃肠型食物中毒多见于气温较高、细菌易在食物中生长繁殖的夏秋季节，以恶心、呕吐、腹痛、腹泻等急性胃肠炎症状为主要特征。

（2）葡萄球菌性食物中毒。葡萄球菌性食物中毒是指人们进食被金黄色葡萄球菌及其所产生的肠毒素所污染的食物而引起的一种急性疾病。引起葡萄球菌性食物中毒的常见食品主要有淀粉类（如剩饭、粥、米面等）、牛乳及乳制品、鱼肉、蛋类等，被污染的食物在室温20～22℃搁置5小时以上时，病菌大量繁殖并产生肠毒素，此毒素耐热力很强，经加热煮沸30分钟，仍可保持其毒力而致病。葡萄球菌性食物中毒多发生在夏秋二季。

（3）副溶血性弧菌食物中毒。副溶血性弧菌食物中毒是由于人们食用了被副溶血性弧菌污染的食品或者食用了含有该菌的食品后出现的急性、亚急性疾病。副溶血性弧菌是常见的食物中毒病原菌，在细菌性食物中毒中占有相当大的比例，临床上以胃肠道症状，如恶心、呕吐、腹痛、腹泻及水样便等为主要症状。该菌引起的食物中毒具有暴发起病（同一时间、同一区域、相同或相似症状、同一污染食物）、潜伏期短（数小时至数天）、有一定季节性（多在夏秋季）等细菌性食物中毒的常见特点。

（4）变形杆菌食物中毒。变形杆菌食物中毒是由摄入大量变形杆菌污染的食物所致，属机会致病菌引起的食物中毒。变形杆菌是革兰阴性杆菌，根据生化反应的不同可分为普通变形杆菌与奇异变形杆菌，有100多个血清型。大量变形杆菌在人体内生长繁殖，并产生肠毒素，引致食物中毒。夏秋季节发病率较高，临床表现为胃肠型及过敏型。

2. 按病原物质分类可分类

（1）细菌性食物中毒。细菌性食物中毒是指人们摄入含有细菌或细菌毒素的食品而引起的食物中毒。引起食物中毒的原因有很多，其中最主要、最常见的原因就是食物被细菌污染。并不是人们吃了细菌污染的食物就马上会发生食物中毒，细菌污染了食物并在食物上大量繁殖达到可致病的数量或繁殖产生致病的毒素，人吃了这种食物才会发生食物中毒。因此，发生食物中毒的另一主要原因就是储存方式不当或在较高温度下存放较长时间。食品中的水分及营养条件使致病菌大量繁殖，如果食前彻底加热杀死病原菌的话，也不会发生食物中毒。最后一个重要原因为食前未充分加热，未充分煮熟。

（2）真菌毒素中毒。真菌在谷物或其他食品中生长繁殖产生有毒的代谢产物，人和动物食入这种毒性物质发生的中毒，称为真菌性食物中毒。一般的烹调方法加热处理不能破坏食品中的真菌毒素。真菌生长繁殖及产生毒素需要一定的温度和湿度，因此中毒往往有比较明显的季节性和地区性。

（3）动物性食物中毒。食入动物性中毒食品引起的食物中毒即动物性食物中毒。动物性中毒食品主要有两种，一种是将天然含有有毒成分的动物或动物的某一部分当作食品，误食引起中毒反应；另一种是在一定条件下产生了大量的有毒成分的可食的动物性食品。

（4）植物性食物中毒。引起植物性食物中毒的原因主要有三种：①将天然含有有毒成分的植物或其加工制品当作食品食用，如桐油、大麻油等；②在食品的加工过程中，将未能破坏或除去有毒成分的植物当作食品食用，如木薯、苦杏仁等；③在一定条件下，不当食用大量有毒成分的植物性食品，如食用鲜黄花菜、发芽马铃薯、未腌制好的咸菜或未烧熟的扁豆等。

### 课堂故事

　　近年来采食野生蘑菇致中毒事件时有发生，媒体及相关部门也屡次提醒广大"吃货"慎采慎食野生蘑菇。然而，有些人却管不住自己的嘴，这不，宁都县固厚乡一家5口人因食用野生蘑菇而中毒入院抢救。

　　2019年5月10日上午，家住江西省赣州市宁都县固厚乡的侯某良（74岁），从后山采摘到了不少野生蘑菇，中午炒好后端上了餐桌。起初，一家人食用后并无异样。谁料，饭后过了一段时间，侯某良的5岁曾孙女萱萱（化名）出现不良症状，奶奶李某秀便带着萱萱搭乘邻居的摩托车来到固厚乡卫生院检查。没多久，李某秀自己也感到身体不适。医生遂对二人进行了检查和治疗，至下午4时许，两人的病情仍不见好转，这引起了院方的关注。随后，侯某良及大儿媳黄某英、孙女怡怡（化名）也出现了头晕、恶心、呕吐等症状。诊治医生经询问，获悉他们一家5口中午食用了山上采摘的野生蘑菇，意识到很有可能是野蘑菇中毒，便立即联系120，将一家5口送到宁都县人民医院抢救。

　　当晚，经医生抢救后，黄某英、李某秀因中毒较轻脱离了生命危险，留在宁都县人民医院继续观察治疗。萱萱、怡怡的病情却一直不见好转，且出现昏迷状况。10日下午6时许，两名小孩被紧急送往赣南医学院第一附属医院治疗。次日凌晨4时许，侯某良一直处于昏迷，随即被送往赣州市人民医院抢救。

　　11日晚8时许，经过医院的全力抢救，黄某英、李某秀、萱萱、怡怡4人均已脱离了生命危险，中毒最深的侯某良已恢复了知觉。

　　（5）化学性食物中毒。引起化学性食物中毒的原因主要有两种：①误食被有毒化学物质污染的食品。②食用添加非食品级的或伪造的或禁止使用的食品添加剂、营养强化剂的食品，以及超量使用食品添加剂的食品；食用因储藏而引起营养素发生化学变化的食品，如油脂酸败。

### （二）食物中毒的症状及自救方法

　　食物中毒在我们生活中是一件经常发生的事情，因此了解食物中毒的症状及自救方法就显得尤为重要，以便及时发现并采取自救。

　　食物中毒的症状有哪些？食物中毒常见的症状有恶心、呕吐、眩晕、腹痛。如果是比较严重的症状会伴有发烧头疼、说不出话，更严重的会有休克、四肢麻木等现象。如果只是轻微的食物中毒，我们可以通过喝大量的水来排毒，等到症状缓解得差不多了，再吃一些治疗的药就可以了。下面还有一些食物中毒的自救方法，主要针对不同的情况。

食物中毒的症状及自救方法

　　1. 利用催吐方法，把食物吐出来

　　食物中毒两个小时之内的，可以喝加入食盐的白开水进行催吐，多喝几次，直到吐出来，吐干净就好了。

2．利用导泻方法排泄出来

如果食物中毒超过两个小时，可以吃泻药、大黄或番泻叶等促进排泄的药物，把食物排泄出来。如果知道自己食物中毒的原因，应把食物带去医院，为医生提供样本。若不了解的，可以提供呕吐物或排泄物给医生，方便医生确诊救治。

3．利用解毒方法进行中和

如果吃了变质的海鲜类所引发的食物中毒，可以喝加入食醋的白开水。如果喝了变质的饮料，可以喝含有蛋白质类的饮料进行解毒。

> **小贴士**
> 不要因为贪吃而小看变质的食物，如果出现情况严重的休克现象，一定要及时就医，避免危及生命。不要小看食物中毒，有些人觉得只是难受一会儿就好了，其实拖延的时间越长，食物中毒的现象就会愈加严重，甚至会引发生命危险。

## 二、养成良好的饮食习惯

随着生活水平的提高，人们的饮食选择越来越多样化，煎、炒、煮、炸样样有，一些不良的饮食习惯也逐步在影响着人们的健康。因此，养成良好的饮食习惯对人们的健康有很大的好处。

（一）坚持喝水，做到水杯不离身

水是生命之源。营养学家建议，每天要喝1500毫升左右的水。整日在办公室的人可以准备一个相同体积的容器，提醒自己每天完成喝水"任务"。经常外出的人可以自带水杯，现在很多公共场所都有饮水机，见到时不妨拿出水杯接一些水喝；也可以带上瓶装水方便喝。此外，在不同的季节，还可以自己配点养生茶，如可以每天用两三个桂圆、三四片西洋参和十来颗枸杞泡水喝。

（二）多吃水果，通常颜色越深的水果营养越高

多吃水果对人们的身体健康有好处，这个就不用多说了。可是现在的水果五花八门，哪些吃了更有营养呢？一般来说，不同颜色的水果含有不同的营养成分含量，如黄色水果中维生素$B_2$的含量较高。要均衡营养，各种颜色的水果都应该吃一些，每天吃三种颜色的水果。在同类水果中，通常颜色越深的，营养素含量越高。

（三）不放弃每一个吃洋葱的机会

生洋葱的味道很多人都不喜欢。但其实，洋葱中含有大量保护心脏的类黄酮，有软化血管及抗癌等作用，生吃效果更好。建议高血压患者每天早上吃半个生洋葱，选择红皮的，切成丝，加上醋和一点糖凉拌，对养护血管很有好处，而且对糖尿病患者同样有效。

（四）每餐前喝汤有助控制食物摄入量

对需要控制饮食的人来说，饭前喝点汤可以增加饱腹感，有助于控制食物摄入量。

如果胃酸过多，餐前喝水有一定稀释胃液作用，有助于食物中活性物质的起效，以及营养物质的正常吸收。但是需要提醒一下，餐前喝汤不能过量。

（五）每日吃一小把坚果

坚果具有保护血管的作用，它含有对人体有益的不饱和脂肪酸、多种维生素和矿物质。建议每天吃一点，以不超过20克为宜，如一小把瓜子或10颗左右开心果等。通常以晚饭后半小时吃效果更好，因为坚果有一定的养胃作用，饭后吃可以帮助营养的消化和吸收。

（六）常喝一杯温茶

美国农业部研究发现，与青菜或胡萝卜等相比，红茶中含有更多的抗氧化物质，有助于抗衰老和抗癌。《食品科学》刊登的研究则显示，红茶的抗氧化作用甚至高于绿茶。可以常用温水泡一杯茶，配上些许点心，喝杯下午茶，放松心情，对于身心健康很有益处。

（七）坚持每周吃粗粮

食用粗粮是最简单的补充粗纤维素的方法，尤其是晚餐食用粗粮，对于人体的健康更有益处。美国麻省理工学院博士朱蒂斯·沃特曼认为，晚上吃些低热量的碳水化合物有助于睡眠。每周可以吃3～4顿的粗粮晚餐，喝些燕麦粥，吃点红薯、土豆、山药等。

## 第二节　用电安全

### 一、用电安全的基本知识

（1）不用手或导电物（如铁丝、钉子、别针等金属制品）去接触、试探电源插座内部，不触摸没有绝缘的线头，发现有裸露的线头要及时与维修人员联系。

（2）不用湿手触摸电器，不用湿布擦拭电器。发现电器周围漏水时，暂时停止使用，并且立即通知维修人员做绝缘处理，等漏水排除后，再恢复使用。要避免在潮湿的环境（如浴室）下使用电器，更不能让电器淋湿、受潮或在水中浸泡，以免漏电造成人身伤亡。

（3）灯泡、电吹风机、电饭锅、电熨斗、电暖器等电器在使用中会发出高热，应注意将它们远离纸张、棉布等易燃物品，防止发生火灾；同时，使用时要注意避免烫伤。不要在蚊帐内使用高热光源或其他电器，不可在衣柜内装设电灯，无人看管时要关闭这些电器。

（4）不要在一个多口插座上同时使用多个电器。使用插座的地方要保持干燥。不要将插座电线缠绕在金属管道上。电线延长线不可经由地毯或挂有易燃物的墙上，也不可搭在铁床上。

（5）电器插头务必插牢，紧密接触，不要松动，以免生热。电器使用完毕要及时拔掉电源插头；插拔电源插头时要捏紧插头部位，不要用力拉拽电线，以防止电线的绝缘层受损造成触电；电线的绝缘皮剥落，要及时更换新线或者用绝缘胶布包好。使用电器过程中造成跳闸，一定要首先拔掉电源插头，然后联系维修人员查明跳闸原因，并检查电器故障问题，而后确定是否可以继续使用，以确保安全。

（6）遇到雷雨天气，要停止使用计算机、电视机，并拔下室外天线插头，防止遭受雷击。电器长期搁置不用，容易受潮、受腐蚀而损坏，重新使用前需要认真检查。购买电器产品时，要选择有质量认定的合格产品。要及时淘汰老化的电器，严禁电器超期服役。

（7）不要随意拆卸、安装电源线路、插座、插头等。不要破坏楼内安全指示灯等公用电气设备。用电不可超过电线、断路器允许的负荷能力。增设大型电器时，应经过专业人员检验同意，不得私自更换大断路器，以免起不到保护作用，引起火灾。

（8）不要在电线上晾晒衣服，不要将金属丝（如铁丝、铝丝、铜丝等）缠绕在带电的电线上，以防磨破绝缘层而漏电，造成伤亡事故。不要靠近高压线杆，不要在电力线路附近放风筝，不能在电缆和拉线附近挖坑、取土以防倒杆断线。

（9）如果看到有电线断落，千万不要靠近，要及时报告有关专业部门维修。当发现电气设备断电时，要及时通知维修人员抢修。

（10）当电器烧毁或电路超负载的时候，通常会有一些不正常的现象发生，如冒烟、冒火花、发出奇怪的响声，或导线外表过热，甚至烧焦产生刺鼻的怪味，这时应马上切断电源，然后检查用电器和电路，并找到维修人员处理。

（11）当用电器或电路起火时，一定要保持头脑冷静，首先尽快切断电源，或者将室内的电路总闸关掉，然后用专用灭火器对准着火处喷射。如果身边没有专用灭火器，在断电的前提下，可用常规的方式将火扑灭；如果电源没有切断，切忌不能用水或者潮湿的东西去灭火，避免引发触电事故。

（12）发现有人触电时要立即关闭电源，或者用干木棍或其他绝缘物将触电者与带电的导体分开，不要用手去直接救人；如触电者神智昏迷、停止呼吸，应立即施行人工呼吸，或马上送医院进行紧急抢救。

---

### 课堂故事

案例1：某学校28号楼6层S0601女生宿舍发生火灾，楼内到处弥漫着浓烟，6层的能见度更是不足10米。着火的宿舍楼可容纳学生3000余人。火灾发生时大部分学生都在楼内，所幸消防员及时赶到，将数千名学生紧急疏散，才没有造成人员伤亡。宿舍最初起火部位为物品摆放架上的接线板，当时该接线板插着两台可充电台灯，以及引出的另一接线板。因用电器插头与接线板连接不规范，且长时间充电，电器线路发生短路，火花引燃该接线板附近的布帘等可燃物，蔓延向上造成火灾。

案例2：某日下午4时左右，南京某学校3号男生宿舍楼突然起火，猛烈的大火很快将整间宿舍烧个精光，所幸没有人员受伤。据调查，这个宿舍存在着私拉电线的现象，当天下午宿舍内的电脑一直没关，电脑发热引发了火灾。因此，作为学生一定要遵守学校规定，不乱拉、乱接电源线，坚决避免因乱拉、乱接电线而引发火灾。

## 二、触电现场急救

触电事故往往是在一瞬间发生的，情况危急，不得有半点迟疑，时间就是生命。

人体触电后，有的虽然心跳、呼吸停止了，但可能属于濒死或临床死亡。如果抢救正确及时，一般还是可能救活的。触电者的生命能否获救，关键在于能否迅速脱离电源和进行正确的紧急救护。

### （一）脱离电源

当人发生触电后，首先要使触电者脱离电源，这是对触电者进行急救的关键。但在触电者未脱离电源前，急救人员不准用手直接拉触电者，以防急救人员触电。为了使触电者脱离电源，急救人员应根据现场条件果断地采取适当的方法和措施。脱离电源的方法和措施一般有以下几种。

1. 低压触电脱离电源

（1）如触电地点附近有电源开关或插头，应立即将开关拉开或插头拔脱，以切断电源。

（2）如电源开关离触电地点较远，可用绝缘工具将电线切断，必须切断电源侧电线，并应防止被切断的电线误触他人。

（3）当带电低压导线落在触电者身上时，可用绝缘物体将导线移开，使触电者脱离电源。但不允许用任何金属棒或潮湿的物体去移动导线，以防急救者触电。

（4）若触电者的衣服是干燥的，急救者可用随身干燥衣服、干围巾等将自己的手严格包裹，然后用包裹的手拉触电者的衣服，或将急救者的衣物结在一起，拖拉触电者，使触电者脱离电源。

（5）若触电者距离地面较高，应防止切断电源后触电者从高处摔下造成外伤。

2. 高压触电脱离电源

当发生高压触电时，应迅速切断电源开关，如无法切断电源开关，应使用适合该电压等级的绝缘工具，使触电者脱离电源。急救者在抢救时，应根据电压等级保持一定的安全距离，以保证急救者的人身安全。

3. 架空线路触电脱离电源

当有人在架空线路上触电时，应迅速拉开关，或用电话告知当地供电部门停电。如不能立即切断电源，可采用抛掷短路的方法使电源侧开关跳闸。在抛掷短路线时，应防止电弧灼伤或断线危及人身安全。杆上触电者脱离电源后，用绳索将触电者送至地面。

### （二）现场急救处理

当触电者脱离电源后，急救者应根据触电者的不同生理反应进行现场急救处理。

（1）触电者神志清醒，但感觉乏力、心慌、呼吸促迫、面色苍白。此时应让触电者躺平就地安静休息，不要让触电者走动，以减轻心脏负担，并应观察其呼吸和脉搏的变化。若发现触电者脉搏过快或过慢应立即请医务人员检查治疗。

（2）触电者神志不清，有心跳，但呼吸停止或极微弱。此时应及时用仰头抬颏法使其气道开放，并进行口对口人工呼吸。如不及时进行人工呼吸，触电者将会因缺氧过久而引起心跳停止。

（3）触电者神志丧失、心跳停止，但有微弱的呼吸。此时应立即进行心肺复苏急救。不能认为尚有极微弱的呼吸就只有做胸外按压，因为这种微弱的呼吸起不到气体交换作用。

（4）触电者心跳、呼吸均停止。此时应立即进行心肺复苏急救，在搬移或送往医院途中仍应进行心肺复苏急救。

（5）触电者心跳、呼吸均停止，并伴有其他伤害。此时应迅速进行心肺复苏急救，再处理外伤。对伴有颈椎骨折的触电者，在开放气道时，不应使其头部后仰，以免高位截瘫，应用托颌法。

## 第三节　预防溺水事故

溺水事故即人们因为游泳或者掉进江河湖海、水坑、水井而难以脱身。溺水致死的主要原因是气管内吸入大量水分阻碍呼吸，或因喉头强烈痉挛引起呼吸道关闭、窒息死亡。夏季是水域溺水事故的多发季节。所以我们必须提高警惕，熟悉水域溺水事故的特点，掌握溺水救助方法，了解相关注意事项。

### 一、溺水事故类型及原因分析

1. 游泳溺水

（1）不可抗力因素：指游泳技术娴熟，由不可抗力的因素如气候、自然灾害等导致的溺水。

（2）技术因素：指不会游泳或刚学会游泳但技术掌握尚不熟练，在体力不支、受人冲撞或跳水失败等情况下导致溺水。

（3）心理因素：指遇到意外时，惊慌失措、动作慌乱、四肢僵硬等导致溺水。

（4）制度因素：违反游泳池规定（浅水区跳水等）导致溺水。

（5）环境因素：对游泳环境不熟悉导致溺水。

（6）知识因素：对处理抽筋、呛水、救护等知识不了解。

（7）生理、病理因素：指体力不支，饱食、饥饿，酒后以及心脏病、高血压、低血糖、中暑、抽筋、精神病（含癫痫病者）等导致溺水。

（8）组织管理因素：游泳场所组织管理不当，如救生员配备不够、场地不符合要求等。

2. 非游泳溺水

（1）不慎落水：不小心落水而且不具备自救的能力而导致溺水事故。

（2）自杀性溺水：多数因情感纠纷、经济困难或其他原因而一时想不开引起自杀性溺水身亡，处于主动状态下失去生命。

（3）翻船（车）落水：多数为水域交通事故如撞船后或汽车落水，在短时间内无法得到救助，而造成溺水事故的发生。

（4）自救溺水：处于水域周边油库等着火、爆炸，工人为了自救跳水；或水域突发事故如油轮着火、爆炸，船员被迫主动自救跳水导致溺水。

## 二、溺水事故的自救与互救

（一）溺水事故的自救

1. 不会游泳者的自救

（1）落水后不要心慌意乱，一定要保持头脑清醒。

（2）冷静地采取头顶向后，口向上方，将口鼻露出水面，此时就能进行呼吸。

（3）呼吸要浅，吸气宜深，尽可能使身体浮于水面，以等待他人抢救。

（4）切记：千万不能将手上举或拼命挣扎，因为这样反而容易下沉。

2. 会游泳者的自救

（1）一般是小腿腓肠肌痉挛导致溺水，应心平气静，及时呼人援救。

（2）自己将身体抱成一团，浮上水面。

（3）深吸一口气，把脸浸入水中，将痉挛（抽筋）下肢的脚趾用力向前上方拉，使脚趾跷起来，持续用力，直到剧痛消失，抽筋自然也就停止。

（4）一次发作之后，同一部位可能会再次抽筋，所以对疼痛处要充分按摩并慢慢向岸上游去，上岸后最好再按摩和热敷疼痛处。

（5）如果手腕肌肉抽筋，自己可将手指上下屈伸，并采取仰面位，以两足游泳。

（二）溺水事故的互救

1. 徒手救助法

徒手救助法是指救助者利用救助技能，对落水区域进行救生或潜水打捞。此法一般用于炎热季节发生的落水者尚未沉入水底或刚沉入水底的情况。

（1）选择入水点：当发现溺者时，首先不要惊慌，应保持沉着冷静，快速观察，判断选择入水点。入水点的选择一是要距离溺者最近，二是要便于营救。

（2）入水方法：

① 头先入水法。当距离溺者较远时，宜采用头先入水的方法，动作同一般跳水技术。其特点是入水角度要小些（15° 左右），以争取时间，快速出水，接近溺者进行拖救。

② 脚先入水的方法。当距离溺者较近时，宜采用脚先入水的方法。

③ 跨步法。同跨步跳，起跳后，两腿前后分开，两臂侧举，当脚触及水面后，快速并拢。入水后，两手用力向下压水，以阻止身体在水中下潜过深，然后改变身体姿势，进入游泳状态，此法适用于较近的距离。

（3）游近溺者：如果救生员选择的入水点距离溺者较远，或在游近溺者时，宜采用蛙泳或抬头式自由泳。因为这两种泳姿都有利于观察到溺者在水中的情况和位置变化，以便救生员及时改变游进路线和救生方案。当游至距离溺者1～1.5米时，若发现溺者面对自己，为了避免被溺者抓住或抱住，救生员应立即下潜至溺者腹部以下，用双手扭转溺者的髋部，使之转体180°背对自己，然后出水实施拖运。

（4）拖运技术：当顺利接近溺者或使溺者背向自己后，救生员即对溺者进行拖运。拖运是一项较难的技术，除掌握技术外还应有较强的身体素质。

（5）救生员帮助溺者上岸技术：当救生员拖带溺者游近岸边时，应使用腋下拖运法。靠岸时，救生员左手应先抓住岸边，右手从溺者的腋下穿插迅速抓住溺者的右手，把溺者的右手搭放在岸上，用右手按住，左手把溺者的另一只手快速地重叠搭放在右手之上，这时抽出右手把溺者两只手同时重叠按住，腾出左手按住岸边，两手同时用力上撑上岸。撑上岸后，右手抓住溺者的右手腕，左手抓住溺者的左手腕，翻转溺者身体180°，使其背向救生员，然后用力上提溺者，使溺者坐在池边；救生员用右腿抵住溺者腰背部，然后用手托住溺者的颈部及枕骨，将溺者缓缓放倒在地上。救生者上岸时一定要注意保护好溺者颈椎，避免溺者第二次溺水。把溺者救上岸后，救生员可根据具体情况实施心肺复苏和人工呼吸来对其进行救助。

2. 蛙人入水救助法

救生员着干、湿式潜水服，潜入水中依照潜水作业的有关步骤和方法搜索相关水域，寻找落水者。此法一般用于天气寒冷季节、落水时间较长、水域面积不大、水质较好的情况。蛙人救助必须两人一组进行，并携带好必要的个人防护装具，系上安全绳，不得有个人英雄主义行为，不得在未接受命令的情况下擅自行动，下水前指挥员必须交代清楚救援注意事项并严格检查个人防护装具；同时应设立观察哨，密切注意救援情况，发现情况及时报告指挥员，岸边或下游方向应有队员随时进行接应保护。

3. 滚钩或拖网法

（1）滚钩法。使用滚钩法前首先要向知情人询问溺水者的具体情况，确定施放滚钩位置后，组织好人员根据溺水者的大概位置将滚钩平行放入河边；救生员分别携带系于滚钩两端的救助绳1根，利用水上交通工具或游至河对岸后缓慢拉动救助绳，将滚钩和溺水人员捞至岸边。

（2）拖网法。此法类似于渔民张网捕鱼。两组救助者站在河岸两边，将拉网垂直于河岸一字排开，将网沉入水底，两组救助者同时拖动拉网沿河岸相同方向移动，发现落水遇难者起网，再拖至河岸边上岸。

（三）水域溺水事故救援的注意事项

施救人员必须做好自身的安全保护，下水救助前必须系好保险索，穿好救生衣，系上安全绳，并设置观察哨，防止意外发生。

潜水人员下水前必须做好安全防护工作，做好活动操，认真检查气瓶的储气量和面罩的气密性，下水时系好保护绳。保护人员注意力一定要集中，手里的保护绳稍拉绷紧，同时安排好应急小组人员。

如果医护人员一时难以到达现场，施救人员要注意溺水人员出水后的救护，首先应清理溺水者口鼻内的污泥和水。施救人员单腿屈膝，将溺水者俯卧于施救人员的大腿上，借体位使溺水者体内水经气管从口腔中排出；如果溺水者呼吸心跳已停止，立即进行口对口人工呼吸，同时进行胸外心脏按压。

处理水域溺水事故时，要做到准备充分，施救要精准，即在时间上要争分夺秒，做到就近、就便、就快；在施救方法上，操作要正确，做到准确无误，要尽最大的努力挽回水域溺水者的生命

### 课堂故事

2020年6月的一天，这一天时值盛夏，天气炎热，某校的三名小学生中午放学回家吃过午饭后，向家人道别，相约去上学。结果走出家门后，由于天气热，几人一时兴起，突发奇想，想到住所附近的一个水塘去玩水，凉快一下。三个人一拍即合，在未告知家人的情况下，擅自相约前往水塘。三人均不会游泳，不识水性，当时也不知水塘的深浅。来到水塘，三人一哄而下，跳下了水塘，结果由于水塘水较深，三人跳下去身子就往下沉，有两人奋力挣扎，另一名学生慌乱中抓住了塘边的一根树枝，逃上了岸。上岸后，他看到水中扑腾挣扎的两个同伴不知所措，没有去施救，也没有呼喊救命，眼睁睁地看着同伴沉下水。之后，他一个人匆匆跑回学校也没有把事情的实情告诉老师。下午上课时，班主任发现少了两名学生，当即与家长取得联系，家长反映孩子中午吃过饭就和另一名学生一起去上学了。在老师的追问下，这名学生才说出了几人玩水溺水的实情。学校立刻派了几名老师前往水塘打捞，打捞起来后立即将两人送往东西湖区人民医院抢救室抢救，但由于溺水时间太长，为时已晚，无回天之力，这两名学生永远不能回到课堂了。

### 知识链接

#### 认识食品安全标志

1. 食品质量安全标志

食品质量安全标志是食品市场准入标志，其式样和使用办法由国家市场监督管理总局统一制定。如果某食品加贴（印）有食品质量安全标志，即意味着该食品符合质量安全的基本要求。食品质量安全标志由"QS"和"质量安全"中文字样组成，标志主色调为蓝色，字母"Q"与"质量安全"四个中文字样为蓝色，字母"S"为白色，使用时可根据需要按比例放大或缩小，但不得变形或变色。

2. 有机食品标志

有机食品是指来自有机农业生产体系，根据国际有机农业生产要求和相应标准生产、加工，并经具有资质的

独立认证机构认证的一切农副产品。有机食品标志采用人手和叶片为创意元素。

3. 无公害农产品标志

无公害农产品是指源于良好生态环境，按照专门的生产技术规程生产或加工，无有害物质残留或残留控制在一定范围之内，符合标准规定的卫生质量指标的农产品。无公害农产品标志以一颗形象的大白菜为底，下面是英文单词"SAFECROP"（安全农作物），"白菜"的上面是中文"无公害农产品"六个黑体字，中间是大写英文字母"GB"，即"国家标准"简称"国标"拼音的首字母大写。

4. 绿色食品标志

绿色食品是指在无污染的生态环境中种植并经过标准化生产或加工，经专门机构认定的符合国家健康安全食品标准的食品。绿色食品标志图形由三部分构成：上方的太阳、下方的叶片和中心的蓓蕾。标志图形为正圆形，意为保护。

# 第十一章

# 突发事件安全

《中华人民共和国突发事件应对法》将突发事件界定为："突然发生，造成或者可能造成严重社会危害，需要采取应急处置措施予以应对的自然灾害、事故灾难、公共卫生事件和社会安全事件。"突发事件有四个方面的含义。一是事件的突发性。事件发生突然，难以预料。二是事件的严重性。事件造成或者可能造成严重社会危害。三是事件的紧急性。事件需要采取应急措施予以应对，否则将出现严重后果。四是事件的类别性。我国把各种突发事件划分为自然灾害、事故灾难、公共卫生事件和社会安全事件四类，从而有利于事件的分类管理。

情境导入

汶川地震，也称2008年四川大地震，发生于北京时间2008年5月12日（星期一）14时28分04秒，震中位于中国四川省阿坝藏族羌族自治州汶川县映秀镇与漩口镇交界处、四川省省会成都市西北偏西方向92千米处。根据中国地震局的数据，此次地震的震级达8.0，破坏地区超过10万平方千米。地震烈度可能达到11度。地震波及大半个中国及亚洲多个国家和地区。北至辽宁，东至上海，南至中国香港、中国澳门、泰国、越南，西至巴基斯坦均有震感。

截至2008年9月18日12时，汶川大地震共造成69227人死亡，374643人受伤，17923人失踪。这是中华人民共和国成立以来破坏力最大的地震，也是唐山大地震后伤亡最惨重的一次。

### 情境点评

汶川地震是中国大地上永远的痛。当地震忽然而至，整个大地为之颤抖，数十万人掩埋于废墟之中，数百万人遭受身心的痛楚，数千万人为之唏嘘，世界各方投来同情的目光、伸出援助之手。面对无情的地震，仅仅依靠各种善后工作是不行的，在日常生活之中我们要有对于地震的防范意识、预警意识，地震中的逃生意识，这样才能把财产损失和生命损失降到最低。

### 知识梳理

## 第一节　应对踩踏

踩踏是指在某一事件或某个活动过程中，聚集在某处的人群过度拥挤，致使一部分甚至多数人因行走或站立不稳而跌倒未能及时爬起，被人踩在脚下或压在身下，短时间内无法及时控制、制止的混乱场面。

### 一、易发生踩踏事故的情形

人多是发生拥挤踩踏事故的基本原因，所以事故常发生于学校、车站、机场、广场、球场等人员聚集地方；发生的时间常见于节日、大型活动、聚会等。

发生拥挤踩踏事件的诱因很多。常见情况是人群因兴奋、愤怒等过于激动的情绪，从而发生骚乱；有时候发生爆炸、砍杀或枪声等恐怖事件，人们急于逃生而致局面失控；也有一些人好奇心重，哪里人多往哪里挤，看热闹而致发生拥挤踩踏。

### 二、踩踏的危害

拥挤踩踏事故造成伤害的直接原因，在于拥挤的人群重力或推力叠加。如果有十来个人推挤或压倒在一个人身上，其产生的压力可能达到1000千克以上。造成伤害的原因正是这种无法承受的压力，死亡也是这个原因。

　　人的胸腔被挤压到难以或无法扩张时，就会发生挤压性窒息。这种挤压往往又不能在短时间内解除，于是受压力超过极限的人员会发生死亡事故。有死亡案例受害者并非倒地，而是在站立的姿势中被挤压致死。

---

☆ **小贴士**

### 历史踩踏事故

　　1954年，在印度北部城市安拉阿巴德举行的印度教宗教集会上，约800人在混乱和踩踏中丧生。

　　1986年和1984年，印度北部城市哈里德瓦尔先后发生的两起踩踏事件分别导致50人和200人丧生。

　　1989年，在纳什克发生的踩踏悲剧中有350人罹难。

　　1990年7月2日，麦加附近米纳的一处地下通道发生严重踩踏事件，1426名朝觐者被踩死或窒息而死。

　　1994年5月24日，麦加圣地米纳举行的投石驱邪活动中有270名朝觐者被踩死。

　　1997年4月15日，麦加附近米纳山谷内一座帐篷营地的煤气炉着火，造成343人死亡，1500人受伤。

　　1998年4月9日，至少118名朝觐者在米纳举行的驱邪活动中被踩死，180人受伤。

　　2004年2月1日，朝觐者在麦加参加一个宗教活动时发生拥挤踩踏事件，至少造成244人被踩死，另有200多人被踩伤。

　　2005年1月22日，麦加附近的姆尼耶圣地在投石避邪桥一带发生朝觐者严重拥挤事故，致使约500名朝觐者受伤。

　　2005年1月25日，印度马哈拉施特拉邦一个宗教集会场所发生踩踏事件，死亡人数超过300人。

　　2010年7月24日，德国西部鲁尔区杜伊斯堡市在举行"爱的大游行"电子音乐狂欢节时发生踩踏事件，造成21人死亡，超过500人受伤。

　　2010年11月22日，柬埔寨首都金边举行送水节活动时，发生踩踏惨剧，造成350人死亡，500人受伤。

　　2011年1月14日，印度南部喀拉拉邦发生严重踩踏事件，造成100人死亡，超过100人受伤。

　　2011年2月21日，马里首都巴马科一座体育场发生踩踏事件。根据当地政府公布的数据，事件造成36人死亡，64人受伤。

　　2014年12月31日23时35分许，上海市黄浦区外滩陈毅广场发生群众拥挤踩踏事故，致36人死亡，48人受伤。

2015年7月10日，孟加拉国迈门辛在举行慈善活动时发生踩踏事故，造成至少23人遇难。

2015年9月24日，在距离沙特麦加东部5千米处的米纳地区发生朝觐者踩踏事故。事故已造成至少1399人遇难，另有超过2000人受伤。

2022年10月29日晚间，韩国首尔市龙山区梨泰院洞一带发生踩踏事故，造成至少146人死亡、150人受伤。

### 三、学校拥挤踩踏的预防方法

学校拥挤踩踏
的预防方法

（一）加强内部安全管理

1. 制定预案

学校要制定《校园拥挤踩踏事故应急预案》，预案要有针对性和可操作性，并根据学校的发展不断完善。

2. 明确责任

学校要健全预防拥挤踩踏的各项安全管理制度，层层分解，落实到人。

3. 落实措施

（1）加强值班，建立教师在学生集中上下楼梯时的值班制度，以对学生集中上下楼梯进行疏导。倡导错开时间，分年级、分班级逐次下楼，强调安全第一，不强调整齐快速。

（2）强化对晚自习的管理。学生晚间自习，必须有教师值班、干部带班；当停电或照明设施损坏时，要及时开启应急照明设备，同时带领班干部和值班教师到现场疏导。

（3）合理安排班级教室，要尽可能将班额大、年龄小的学生班级安排在底楼或较低楼层教室。

4. 加强检查，完善设施设备

（1）定期检查：学校要对楼梯通道、照明设施等定期检查，及时修理更换，消除安全隐患，对不符合国家有关规定的校舍、设施设备，及时报告当地政府和教育行政部门给予解决。

（2）确保通畅：学校应在楼道里安装应急灯，及时清理楼道、楼梯间等通道的堆积物，确保楼道、楼梯通畅。

（3）标志明显：学校要在楼梯台阶上画中间标识线及行进方向指示标志，在楼梯迎面墙壁上悬挂提醒学生上下楼梯注意安全的标志牌，楼道和楼梯的墙壁要有标明逃生方向的灯。

（二）开展安全教育

1. 遭遇拥挤的人群怎么办

（1）发觉拥挤的人群向着自己行走的方向拥来时，应该马上避到一旁，但是不要奔跑，以免摔倒。

（2）如果路边有商店、咖啡馆等可以暂时躲避的地方，可以暂避一时。切记不要逆着人流前进，那样非常容易被推倒在地。

（3）若身不由己陷入人群之中，一定要先稳住双脚。切记远离店铺的玻璃窗，以免因玻璃破碎而被扎伤。

（4）遭遇拥挤的人群时，一定不要采用体位前倾或者低重心的姿势，即便鞋子被踩掉，也不要贸然弯腰提鞋或系鞋带。

（5）如有可能，抓住一样坚固牢靠的东西，如路灯柱等，待人群过去后，迅速而镇静地离开现场。

2.出现混乱局面后怎么办

（1）在拥挤的人群中，要时刻保持警惕，当发现有人情绪不对，或人群开始骚动时，就要做好准备保护自己和他人。

（2）此时脚下要敏感些，千万不能被绊倒，避免自己成为拥挤踩踏事件的诱发因素。

（3）当发现自己前面有人突然摔倒了，要马上停下脚步，同时大声呼救，告知后面的人不要向前靠近。

（4）若被推倒，要设法靠近墙壁，面向墙壁，身体蜷成球状，双手在颈后紧扣，以保护身体最脆弱的部位。

3.危急时刻如何保持心理镇定

（1）在拥挤的人群中，一定要时时保持警惕，不要总是被好奇心理所驱使。当面对惊慌失措的人群时，更要保持自己情绪稳定，不要被别人所感染，惊慌只会使情况更糟。

（2）已被裹挟至人群中时，要切记和大多数人的前进方向保持一致，不要试图超过别人，更不能逆行，要听从指挥人员口令。同时发扬团队精神，因为组织纪律性在灾难面前非常重要。专家指出，心理镇静是个人逃生的前提，服从大局是集体逃生的关键。

## 四、拥挤踩踏的自救与互救

### （一）自救姿势

（1）请想尽办法不要被挤到。

（2）如果不幸倒地，应该争取迅速起来离开。

（3）如果起不来，以下是救命姿势：①两手十指交叉相扣，护住后脑和颈部；两肘向前，护住头部。②双膝尽量前屈，护住胸腔和腹腔重要脏器，侧躺在地。

如果没有倒地，在拥挤人群中，请保持类似拳击式姿势（双手握拳在胸前；或一手握拳，另一只手握住该手手腕），双肘撑开平放胸前，用力保护自己的胸腔，保证自己能够呼吸，顺着人群，寻找机会从侧边离开。

### （二）对他人的急救

拥挤踩踏事故发生后，保证自己处于安全状态的前提下，立即报警，等待救援。在医务人员到达现场前，要抓紧时间用科学的方法开展自救和互救。在救治中，应遵循先救重伤者、老人、儿童及妇女的原则。

如果发现伤者呼吸、心跳停止时，要赶快实施心肺复苏（CPR）。

实施CPR会对受害者造成二次伤害。CPR操作不当有可能发生肋骨骨折等并发症，故实施CPR的前提是心搏骤停。

在实施CPR时，首先要保障自己及环境安全，不提倡不顾危险舍己救人。

## 第二节　应对地震

### 一、地震及其特点

地震指地壳快速释放能量过程中造成振动，其间会产生地震波的一种自然现象。地震常常造成严重的人员伤亡，能引起火灾、水灾、有毒气体泄漏、细菌及放射性物质扩散，还可能造成海啸、滑坡、崩塌、地裂缝等次生灾害。

地震及其特点

按震级大小地震可分为七类：超微震（震级小于1级）、弱震（震级小于3级，人们一般不易觉察）、有感地震（震级大于等于3级、小于4.5级，人们能够感觉到，但一般不会造成破坏）、中强震（震级大于等于4.5级、小于6级，可造成破坏的地震）、强震（震级大于等于6级、小于7级）、大地震（震级大于等于7级）和巨大地震（震级大于等于8级）。

地震灾害包括自然因素和社会因素，其中有震级、震中距、震源深度、发震时间、发震地点、地震类型、地质条件、建筑物抗震性能、地区人口密度、经济发展程度和社会文明程度等。

地震的第一个特点是突发性比较强，猝不及防。一次地震持续的时间往往只有几十秒，在如此短暂的时间内造成大量的房屋倒塌、人员伤亡，这是其他的自然灾害难以相比的。地震可以在几秒或者几十秒内摧毁一座文明的城市，能与一场核战争相比，如汶川地震就相当于几百颗原子弹的能量。地震前有时没有明显的预兆，以至于人们来不及逃避，造成大规模的灾难。

地震的第二个特点是破坏性大，成灾广泛。地震波到达地面以后造成了大面积的房屋和工程设施的破坏，若发生在人口稠密、经济发达地区，往往可能造成大量的人员伤亡和巨大的经济损失，如国际上20世纪90年代发生的几次大的地震，造成很多的人员伤亡和损失。

地震的第三个特点是社会影响深远。由于突发性强、伤亡惨重、经济损失巨大，地震所造成的社会影响比其他自然灾害更为广泛、强烈，往往会产生一系列的连锁反应，对于一个地区甚至一个国家的社会生活和经济活动会造成巨大的冲击。它波及面比较广，对人们心理上的影响也比较大，这些都可能造成较大的社会影响。

地震的第四个特点是防御难度比较大。与洪水、干旱和台风等气象灾害相比，地震的预测要困难得多，地震的预报是一个世界性的难题。同时，建筑物抗震性能的提高需要大量资金的投入，要减轻地震灾害需要各方面协调与配合，需要全社会长期艰苦细致的工作，因此地震灾害的预防比起其他一些灾害要困难一些。

地震的第五个特点是地震会引发次生灾害。地震不仅会产生严重的直接灾害，而且不可避免地会引发次生灾害。有的次生灾害的严重程度大大超过直接灾害。一般情况下，次生或间接灾害导致的经济是直接灾害的两倍，如大的滑坡，水灾、泥石流、火灾等都是次生灾害。

地震的第六个特点是持续时间比较长。一方面，主震之后的余震往往持续很长一段时间，也就是地震发生以后，在近期内还会发生一些比较大的余震，这样影响时间就比较长。另一方面，由于地震破坏性大，灾区的恢复和重建的周期比较长。地震造成了房倒屋塌，接下来要进行重建，在这之前还要对建筑物进行鉴别还能不能住人，或者是将来重建的时候要不要进行一些规划，规划到什么程度，等等，所以重建周期比较长。

地震的第七个特点是具有某种周期性。一般来说，地震灾害在同一地点或地区要相隔几十年或上百年或更长的时间才能重复地发生。

## 二、地震灾害的应对对策

### （一）地震时的应急防护原则

地震时就近躲避，震后迅速撤离到安全的地方是应急防护的较好方法。所谓就近躲避，就是因地制宜地根据不同的情况做出不同的对策。

### （二）楼房内人员如何避震？

地震一旦发生，首先要保持清醒、冷静的头脑，及时判别震动状况，千万不可在慌乱中跳楼，这一点极为重要。其次，可躲避在坚实的家具下，或墙角处，也可躲避到承重墙较多、开间小的厨房、卫生间。因为这些地方结合力强，尤其是管道经过处理，具有较好的支撑力，抗震系数较大。总之，地震时可根据建筑物布局和室内状况，审时度势，寻找安全空间和通道进行躲避，减少人员伤亡。

### （三）学校人员如何避震？

在学校中，地震时最需要的是学校领导和教师的冷静与果断。有中长期地震预报的地区，学校平时要结合教学活动，向学生讲述地震预防、避震知识；震前要安排好学生转移、撤离的路线和场地；震后指挥学生有秩序地撤离。在比较坚固、安全的房屋里，学生可以躲避在课桌下、讲台旁；教学楼内的学生可以到开间小、有管道支撑的房间里，决不可乱跑或跳楼。

### （四）街上行人如何避震？

地震发生时，高层建筑物的玻璃碎片和大楼外侧混凝土碎块以及广告招牌、霓虹灯架等可能会掉下伤人，因此行人最好将身边的皮包或柔软的物品顶在头上，无物品时也可用手护在头上，尽可能做好自我防御的准备，要镇静，迅速离开电线杆和围墙，跑向比较开阔的地区躲避。

（五）车间工人如何避震？

车间工人可以躲在车、机床及较高大设备下，不可惊慌乱跑，特殊岗位上的工人要首先关闭易燃易爆、有毒气体阀门，及时降低高温、高压管道的温度和压力，关闭运转设备。大部分人员可撤离工作现场，在有安全防护的前提下，少部分人员留在现场随时监视险情，及时处理可能会发生的意外事件，防止次生灾害的发生。

（六）行驶的车辆如何避震？

（1）司机应尽快减速，逐步刹车。

（2）乘客（特别是在火车上）应用手牢牢抓住拉手、柱子或座席等，并注意防止行李从架上掉下伤人，面朝行车方向的人，要将胳膊靠在前座席的椅垫上，护住面部，身体倾向通道，两手护住头部；背朝行车方向的人，要两手护住后脑部，并抬膝护腹，紧缩身体，做好防御姿势。

（七）商场内人员如何避震？

在商场内遇到地震时，要保持镇静。由于商品下落，避难通道可能会阻塞。此时，商场内人员应躲在近处的大柱子和大商品旁边（避开商品陈列橱），或朝着没有障碍的通道躲避，然后屈身蹲下，等待地震平息。处于楼上位置，原则上向底层转移为好。但楼梯往往是建筑物抗震的薄弱部位，因此，要看准脱险的合适时机。服务员要组织群众就近躲避，震后安全撤离。

（八）户外如何避震？

就地选择开阔地避震：蹲下或趴下，以免摔倒；不要乱跑，避开人多的地方；用书包等保护头部；不要随便返回室内。

避开高大建筑物或构筑物：楼房，特别是有玻璃幕墙的建筑；过街桥、立交桥上下；高烟囱、水塔下。

避开危险物、高耸或悬挂物：变压器、电线杆、路灯、广告牌、吊车等。

（九）公共场所如何避震？

听从现场工作人员的指挥，不要慌乱，不要拥向出口，要避开人流，避免被挤到墙壁或栅栏处。

在影剧院、体育馆等处：就地蹲下或趴在排椅下；注意避开吊灯、电扇等悬挂物；用书包等保护头部；等地震过去后，听从工作人员指挥，有组织地撤离。

在商场、书店、展览馆、地铁等处：选择结实的柜台、商品（如低矮家具等）或柱子边以及内墙角等处就地蹲下，用手或其他东西护头；避开玻璃门窗、玻璃橱窗或柜台；避开高大不稳或摆放重物、易碎品的货架；避开广告牌、吊灯等高处的悬挂物。

在行驶的电（汽）车内：抓牢扶手，以免摔倒或碰伤；降低重心，躲在座位附近；地震过去后再下车。

（十）特殊危险

燃气泄漏时：用湿毛巾捂住口、鼻，千万不要使用明火，震后设法转移。

遇到火灾时：趴在地上，用湿毛巾捂住口、鼻。地震停止后向安全地方转移，要匍匐、逆风而进。

毒气泄漏时：遇到化工厂着火，毒气泄漏，不要向顺风方向跑，要尽量绕到上风方向去，并尽量用湿毛巾捂住口、鼻。

应注意避开的危险场所：生产危险品的工厂，危险品、易燃易爆品仓库，等等。

（十一）如果被压怎么办？

震后，余震还会不断发生，你的环境还可能会进一步恶化，你要尽量改善自己所处的环境，稳定下来，设法脱险。

（1）设法避开身体上方不结实的倒塌物、悬挂物或其他危险物。

（2）搬开身边可移动的碎砖瓦等杂物，扩大活动空间。注意，搬不动时千万不要勉强，防止周围杂物进一步倒塌。

（3）设法用砖石、木棍等支撑残垣断壁，以防余震时再被埋压。

（4）不要随便动用室内设施，包括电源、水源等，也不要使用明火。

（5）闻到煤气及有毒异味后或灰尘太大时，设法用湿衣物捂住口鼻。

（6）不要乱叫，保持体力，用敲击声求救。

## 三、地震灾害的现场急救及注意事项

（一）现场急救

当人员受倒塌建筑物砸击压埋时，根据被埋人员的呼喊、呻吟、敲击声、血迹等初步判断被压位置，应先确定伤员的头部，快速暴露其头部，清除其口中、鼻内异物，再暴露其胸腹部，解脱其肢体，不可强拉硬扯。急救的目的是抢救生命，因此基本原则是先救命，后治伤，救治过程应遵循一定的程度。

首先把握呼吸、血压、心率、意识和瞳孔等生命体征，观察伤部，迅速对伤情进行判断，对生命体征做出判断，必须优先抢救的情况包括心跳、呼吸骤停，窒息，大出血，张力性气胸和休克，等等。

心跳、呼吸骤停时，现场做体外心脏按压和口对口人工呼吸，即先看形态、面色、瞳孔（有无口唇及面色青紫、发绀，瞳孔有无放大），再摸股动脉、颈动脉搏动，最后听心音，证实心跳停止后立即进行抢救。

一般将病人安置在平硬的地面上或在病人的背后垫一硬板，尽量少搬运病人。

畅通呼吸道用仰额举颌法，一手置前额使头部后仰，另一手食指与中指置于下颌骨近下颌颈处，抬起下颌。有假牙托者应取出。

人工呼吸一般用口对口呼吸、口对鼻及口对口鼻呼吸（婴幼儿），在保持呼吸道通畅的位置下进行：用按于前额之手的拇指和食指，捏住病人的鼻翼下端；深吸一口气后，张开嘴紧贴病人的嘴，把病人的口完全包住；深而快地向病人口内用力吹气，直到病人胸廓向上抬起为止；一次吸气完毕立即与病人口部脱离，轻轻抬起头部面向病人胸部吸入新鲜空气，以便下一次人工呼吸，同时使病人的口张开，捏鼻的手也应放松，以使鼻孔通气，吹气频率一般12～20次/分，单人心脏按压15次吹气2次，双人操作按5∶1进行。吹气时应停止胸外按压。一般正常人的吹气量为500～600毫升，以800～1200毫升/次为宜，绝不能超过1200毫升/次。

在人工呼吸的同时进行人工心脏按压，必要时将舌拉出用别针或丝线穿过舌尖固定于衣扣上或用口咽通气管，如情况紧急，上述两措施不见效而又有一定的抢救设备时，可用粗针头做环甲膜穿刺，颈中线甲状软骨下缘与环状软骨弓上缘之间即穿刺点，如有条件进行气管切开或插管。

大出血可致伤员休克或死亡，常用止血方法如下。

（1）指压法：用手指压动脉经过骨骼表面的部位达到止血目的。例如，头颈大出血可压一侧颈总动脉、颞动脉、颌动脉，上臂出血可压腋动脉、肱动脉，下肢出血可压股动脉。但因指压法效果有限，且难持久，因此适时改用其他方法。

（2）加压包扎法：此法最常用，一般小动脉、小静脉出血均可用。用大纱布填塞或置于伤口处，加压绷带包扎。

（3）填塞法：用于骨端、肌肉的渗血。

（4）止血带法：充气止血带最好，紧急时可用橡皮管、三角巾或绷带代替。止血带下应放衬垫，禁用细绳索或电线充当止血带。应注意以下事项：不必过紧，以能止住出血为度；1小时放松1～2分钟，使用时间不能超过4小时；使用止血带的伤员应有显著标志，优先转送；松止血带前先输液。

包扎的目的是保护伤口、减少污染、止血、固定骨折、止痛。常用绷带、三角巾、四头带，无时可就地用干净毛巾、包袱带、手绢、衣服等。注意：①包扎时动作轻柔、松紧适宜，既保证敷料固定和压迫止血，又不影响血运；②包扎缘距伤口5～10厘米；③遇外露污染的骨折断端或腹内脏器不可轻易包扎，如系腹腔组织脱出应先用干净的器皿保护后包扎，不要将敷料直接包扎于脱出组织上。

固定可减轻疼痛，避免骨折端损伤血管、神经并有利于防治休克和便于搬运。固定前应尽可能地牵引伤肢以纠正畸形，固定于夹板也可就地取材木板、树枝、竹竿等。应包扎骨折远近两个关节。缺乏材料时可采取自体固定法，上肢固定于胸廓，下肢固定于健侧，固定夹板应衬于衬垫，张力性气胸用厚敷料压盖于胸壁软化区，再粘贴胶布固定，如不能奏效用牵引固定，布巾钳夹住中央游离肋骨用绳吊起，通过滑轮牵引重量2～3千克。

骨折未固定前不易搬运，脊椎骨折病人应用木板或门板搬运，先使伤员上、下肢伸直，木板放一侧，两2～3人扶伤员躯干成一整体滚动至木板上，不要使躯干扭转，或3人平托病人至木板上，禁止一人抬头一人抬足或单人搂抱，对颈椎损伤的病人要专人托头部，沿纵轴向上略加牵引，使头颈躯干成一整体滚动，或由伤员自己双手托头搬运，严禁强行搬运头部，木板上用沙袋或折好的衣物放于颈部两侧。

（二）注意事项

（1）保持冷静，忙而不乱，有效地指挥现场急救。

（2）分清轻重缓急，分别对伤员进行救护和转送。

（3）怀疑有骨折尤其是脊柱骨折时，不应让伤员试着行走，以免加重损伤。

（4）脊柱骨折伤员一定要用木板搬运，不能用帆布等软担架搬运，防止脊髓损伤加重。

## 第三节　应对暴雨、洪涝

### 一、暴雨、洪涝的危害

暴雨是指降水强度很大的雨。中国气象上规定，24小时降水量为50毫米或以上的雨称为"暴雨"。按其降水强度大小又分为三个等级，即24小时降水量为50～99.9毫米称"暴雨"；100～250毫米称"大暴雨"；250毫米以上称"特大暴雨"。

暴雨是中国主要气象灾害之一，其危害主要包括洪灾和涝渍灾。长时间的暴雨容易产生积水或径流淹没低洼地段，造成洪涝灾害。暴雨是一种影响严重的灾害性天气。某一地区连降暴雨或出现大暴雨、特大暴雨，常导致山洪暴发、水库垮坝、江河横溢、房屋被冲塌、农田被淹没、交通和电讯中断，会给国民经济和人民的生命财产带来严重危害。暴雨尤其是大范围持续性暴雨和集中的特大暴雨，不仅影响工农业生产，而且可能危害人民的生命，造成严重的经济损失。

洪涝，指因大雨、暴雨或持续降雨使低洼地区淹没、渍水的现象。雨涝主要危害农作物生长，造成作物减产或绝收，破坏农业生产以及其他产业的正常发展。其影响是综合的，还会危及人的生命财产安全，影响国家的长治久安，等等。

洪灾一般是指河流上游的降雨量或降雨强度过大、急骤融化冰化雪或水库垮坝等导致的河流突然水位上涨和径流量增大，超过河道正常行水能力，在短时间内排泄不畅，或者是暴雨引起山洪暴发、河流暴涨漫溢或堤防溃决，形成洪水泛滥造成的灾害。洪水可以破坏各种基础设施，淹死伤人畜，对农业和工业生产会造成毁灭性破坏，破坏性强。防洪对策措施主要依靠防洪工程措施（包括水库、堤防和蓄滞洪区等）。

涝灾一般是指本地降雨过多，或受沥水、上游洪水的侵袭，河道排水能力降低、排水动力不足或受大江大河洪水、海潮顶托，不能及时向外排泄，造成地表积水而形成的灾害，多表现为地面受淹，农作物歉收。涝灾一般只影响农作物，造成农作物的减产。治涝对策措施主要通过开挖沟渠并动用动力设备排除地面积水。

渍灾主要是指当地地表积水排出后，因地下水位过高，造成土壤含水量过多，土壤长时间空气不畅而形成的灾害，多表现为地下水位过高，土壤水长时间处于饱和状态，导致作物根系活动层水分过多，不利于作物生长，使农作物减收。实际上涝灾和渍灾在大多数地区是相互共存的，如水网圩区、沼泽地带、平原洼地等既易涝又易渍。山区谷地以渍为主，平原坡地则易涝，因此不易把它们截然分清，一般把易涝易渍形成的灾害统称涝渍灾害。

洪涝灾害的产生不只会危害到农作物，还会产生很多连锁反应，危害人们的身体健康和生命安全。

洪水泛滥，淹没了农田、房舍和洼地，灾区人民大规模地迁移；各种生物群落也因洪水淹没引起群落结构的改变和栖息地的变迁，从而打破原有的生态平衡。野鼠有的被淹死，有的向高地、村庄迁移，野鼠和家鼠的比例结构发生变化；洪水淹没村庄的厕所、粪池，大量的植物和动物尸体的腐败，引起蚊蝇滋生和各种害虫的聚集。

洪涝灾害使供水设施和污水排放条件遭到不同程度的破坏，如厕所、垃圾堆、牲畜棚舍被淹，可造成井水和自来水水源污染，大量漂浮物及动物尸体留在水面，受高温、日照的作用后，腐败逸散恶臭。这些水源污染以生物性污染为主，主要反映在微生物指标的数量增加，饮用水安全性降低，易造成肠道传染病的暴发和流行。

洪水还将地面的大量泥沙冲入水中，使水体感官性状差、混浊、有悬浮物等。一些城乡工业发达地区的工业废水、废渣、农药及其他化学品未能及时搬运和处理，受淹后可导致局部水环境受到化学污染，或者个别地区储存有毒化学品的仓库被淹，化学品外泄造成较大范围的化学污染。

洪涝灾害期间，食品污染的途径和来源非常广泛，对食品生产经营的各个环节产生严重影响，常可导致较大范围的食物中毒事件和食源性疾病的暴发。

洪水还会助长媒介生物的滋生，如蚊虫、蝇类、鼠类等。灾害后期由于洪水退去后残留的积水坑洼增多，使蚊类滋生场所增加，导致蚊虫密度迅速增加，加之人们居住的环境条件恶化、人群密度大、人畜混杂、防护条件差，被蚊虫叮咬的机会增加而导致蚊媒病的发生。在洪水地区，人群与家禽、家畜都聚居在堤上高处，粪便、垃圾不能及时清运，生活环境恶化，为蝇类提供了良好的繁殖场所，促使成蝇密度猛增，蝇与人群接触频繁，蝇媒传染病发生的可能性很大。洪涝期间由于鼠群往高地迁移，家鼠、野鼠混杂接触，与人接触机会也多，有可能造成鼠源性疾病暴发和流行。

洪涝灾害改变生态环境，扩大了病媒昆虫滋生地，各种病媒昆虫密度增大，常导致某些传染病的流行。疟疾是常见的灾后疾病。

由于洪水淹没了某些传染病的疫源地，啮齿类动物及其他病原宿主迁移和扩大，易引起某些传染病的流行。出血热是受洪水影响很大的自然疫源性疾病，洪涝灾害对血吸虫的疫源地也有直接的影响，如因防汛抢险、堵口复堤的抗洪民工与疫水接触，常暴发急性血吸虫病。

洪涝灾害导致人群迁移引起疾病。由于洪水淹没或行洪，一方面使传染源转移到非疫区，另一方面使易感人群进入疫区，这种人群的迁移极易导致疾病的流行。其他如眼结膜炎、皮肤病等也可因人群密集和接触而增加传播机会。

洪水毁坏住房，灾民临时居住于简陋的帐篷之中，白天烈日暴晒易致中暑，夜晚易着凉感冒，年老体弱、儿童和慢性病患者更易患病。

### 二、暴雨、洪水的避险常识

（1）当有洪水发生时，一定要先避险，这样可以使损失降到最低。

（2）洪水来临时，要关闭电源、煤气，尽快撤到楼顶避险，立即发出求救信号。为防止洪水涌入室内，最好用装满沙子、泥土和碎石的沙袋堵住大门下面的所有空隙。如预料洪水还要上涨，窗台外也要堆上沙袋。

（3）如洪水持续上涨，应注意在自己暂时栖身的地方储备一些食物、饮用水、保暖衣物和烧水用具。

（4）如水灾严重，所在之处已不安全，应考虑自制木筏逃生。床板、门板、箱子等都可用来制作木筏，划桨也必不可少；也可考虑使用一些废弃轮胎的内胎制成简易救生圈。逃生前要多收集些食物、发信号用具（如哨子、手电筒、颜色鲜艳的旗帜或床单等）。

（5）不要在下大雨时骑自行车。雨天汽车在低洼处抛锚，千万不要在车中等候，要及时离开汽车到高处等待求援。

（6）如洪水没有漫过头顶，且周边树木比较密集，可考虑用绳子逃生。找一根比较结实且足够长的绳子（也可用床单、被单等撕开替代），先把绳子的一端拴在屋内较牢固的地方，然后牵着绳子走向最近的一棵树，把绳子在树上绕若干圈后再走向下一棵树，如此重复，逐渐转移到地势较高的地方。

（7）不可攀爬带电的电线杆、铁塔，也不要爬到泥坯房的屋顶。发现高压线铁塔倾斜或者电线断头下垂时，一定要迅速远离。

（8）将衣被等御寒物放至高处保存；将不便携带的贵重物品做防水捆扎后埋入地下或置放高处，票款、首饰等物品可缝在衣物中。

（9）离开房屋逃生前，多吃些高热量食物，如巧克力、糖、甜点等，并喝些热饮料，以增强体力。一定要关掉煤气阀、电源总开关。如时间允许，可将贵重物品用毛毯卷好，藏在柜子里。出门时关好房门，以免家产随水漂走。

（10）准备好医药、取火等物品；保存好各种尚能使用的通信设施，以便与外界保持联系，等待救援。

（11）居住在山洪易发区的居民，平时应尽可能学习了解一些山洪灾害防治知识，每遇连降大暴雨时，必须随时保持高度警惕，尤其是晚上更应十分警觉，随时加强监测，一旦有异常，应立即脱离现场。

（12）"人往高处走，水往低处流"，这可作为防洪的基本思路，首先要选择登高避难的方式，并利用各种通信设备发出求救信号。

（13）在山区丘陵环境下被洪水围困时，只有固守在高地等待救援，或等待陡涨陡落的山洪消退后即可解围。被洪水困于低洼地带情况危急时，有通信条件的，可利用通信工具向当地政府和防汛部门报告洪水态势和受困情况，寻求救援；无通信条件的，可制造烟火或挥动鲜艳的衣物或集体同声呼救，不断向外界发出紧急求助信号，同时要寻找各种较大的漂浮物等，主动采取自救措施。

> **小贴士**
> 山洪灾害是指因降雨在山丘区引发的洪水及由山洪引发的泥石流、滑坡等对国民经济和人民生命财产造成损失的灾害。山洪灾害突发性强，破坏力大，预报预警难，在局部地区引发的山洪灾害经常是毁灭性的，防御非常困难。

## 第四节　其他自然灾害的应对措施

大自然是人类赖以生存的环境。当这一环境发生变异，人类的生活必然会受到严重影响。尽管任何灾害的发生都有一个孕育过程，但很多自然灾害发生的规律还不被人类掌握，因而无法事先准确预测。自然灾害对人类社会造成的危害往往是触目惊心的。它们之中既有地震、火山爆发、泥石流、海啸、台风、洪水等突发性灾害，也有地面沉降、土地沙漠化、干旱、海岸线变化等在较长时间中才能逐渐显现的渐变性灾害，还有臭氧层变化、水体污染、水土流失、酸雨等人类活动导致的环境灾害。学会应对自然灾害不仅能够对学生的安全起到保护作用，而且能够对其他社会成员起到一定的救助作用。

### 一、台风灾害的应对措施

台风（飓风）是产生于热带洋面上的一种强烈热带气旋。其称谓随着发生地点和时间的不同而不同。在印度洋和北太平洋西部、国际日期变更线以西，包括南中国海范围内发生的热带气旋称为"台风"；而在大西洋或北太平洋东部的热带气旋则称"飓风"。

台风的应对措施主要包括以下几项：

（1）密切关注媒体有关台风的报道，并及时采取预防措施。

（2）居住在危房、厂房、工棚和低洼地区的人员，在台风来临前，要及时转移到安全地带。

（3）检查门窗、室外空调、太阳能热水器的安全，并及时进行加固。同时，及时搬移屋顶、窗口、阳台处的花盆等物，以免砸伤路人，并切断霓虹灯招牌等室外装饰物的电源。

（4）检查屋瓦、楼顶防水层。门窗要关锁妥当，尤其是迎风面的门窗，若风势猛烈，可用木板或沉重的家具顶住向内开的窗户。玻璃窗贴上胶布，以免玻璃被击碎时碎片伤人。

（5）检查电路、煤气灶等设备，以防范火灾，并及时清理排水管道，以保持排水畅通。

（6）准备好手电筒、哨子、食物、饮用水及常用药物等，以备急需。

（7）台风来临时，尽量不要出门，不要在江、河、湖、海的路堤或桥上行走，更不要下海游泳。

（8）不要打赤脚，最好穿上雨靴，防雨的同时也起到绝缘作用，预防触电；走路时应仔细观察，以免踩到电线；通过小巷时应特别留心，台风天气易导致围墙、电线杆倒塌事故的发生；尽量少走高层楼房之间的狭长通道，因为狭长通道会形成"狭管效应"，风力加大，会给行人带来危险。

（9）尽可能远离建筑工地。有的工地围墙经过雨水渗透可能会松动；还有一些围栏可能会倒塌；一些散落在高楼上没有及时收集的建筑材料，如钢管、榔头等，可能会被风吹下；路过有塔吊的地方要更加注意安全，因为如果风大，塔吊臂有可能会折断；在经过脚手架时，最好绕行，不要在下面走；不要在广告牌和大树下长时间逗留。

（10）台风过后不久，不要马上出来。因为台风的风眼在上空掠过后，地面会平静一段时间，但风暴还没有结束。通常，这种平静持续不到一个小时，风就会从相反的方向再度横扫过来。如果是在户外躲避，那么此时就要转移到原来避风地的对侧。

（11）台风带来的暴雨容易引发洪水、山体滑坡、泥石流等灾害，因此台风过后要注意防范其他灾害。

（12）灾后需要注意环境卫生、饮食卫生，防止发生瘟疫。

## 二、海啸的应对措施

海啸是一种具有强大破坏力的海浪。水下地震、火山爆发或水下塌陷和滑坡等大地活动都可能会引起海啸。地震发生时，海底地层发生断裂，部分地层出现猛然上升或下沉，由此造成从海底到海面的整个水层发生剧烈"抖动"。这种"抖动"与平常所见到的海浪大不一样。海浪一般只在海面附近起伏，涉及的深度不大，波动的振幅随水深衰减很快。地震引起的海水"抖动"则是从海底到海面整个水体的波动，其中所含的能量惊人。

在一次震动之后，震荡波在海面上以不断扩大的圆圈传播到很远的距离，正像卵石掉进浅池里产生的波一样。海啸波长比海洋的最大深度还要大，可以传播几千千米而能量损失很小，在海底附近也没受多大阻滞，不管海洋深度如何，震荡波都可以传播过去。

海啸的应对措施如下：

（1）去海边的时候，要注意附近地震的报告，要知道，海啸随时会在地震发生几小时后到达离震源上千千米远的地方。

（2）借助动物来预防海啸。动物对灾难的来临比人类敏感，尤其是野生动物，当周围的动物出现反常的焦躁时，就必须警觉了。

（3）海啸前海水异常退去会把许多鱼虾留在沙滩上，场面壮观，但千万不要去捡鱼或看热闹。

（4）地震是海啸最明显的前兆。如果感觉到较强的震动，不要靠近海边、江河的入海口。如果听到有关附近地震的报告，要做好防海啸的准备，注意收看和收听电视和广播新闻。

（5）海上船只听到海啸预警后应该避免返回港湾，海啸在海港中造成的落差和湍流非常危险。如果有足够时间，船主应该在海啸到来前把船开到开阔海面。如果没有时间开出海港，所有人都要撤离停泊在海港里的船只。

（6）海啸登陆时海水往往会明显升高或降低，如果看到海面后退速度异常快，应立刻撤离到内陆地势较高的地方。

（7）如果在海啸时不幸落水，要尽量抓住木板等漂浮物，同时注意避免与其他硬物碰撞，在水中不要举手，也不要乱挣扎，减少动作，能漂浮即可，必须减少体能的无谓消耗。

（8）海水不要喝，不仅不能解渴，而且容易让人出现严重的幻觉。尽可能向其他落水者靠拢，既便于相互帮助和鼓励，又因为目标扩大更容易被救援人员发现。

（9）人在海水中长时间浸泡，热量散失会造成体温下降。落水者被救上岸后，最好能泡在温水里恢复体温，没有条件时也应尽量裹上被、毯子、大衣等保温。适当喝一些糖水可以补充体内的水分和能量。

（10）如果落水者受伤，应采取止血、包扎、固定等急救措施，重伤员则要及时送医院救治。要记住及时清除落水者鼻腔、口腔和腹内的吸入物。如落水者心跳、呼吸停止，则应立即交替进行口对口人工呼吸和心脏按压。

## 三、沙尘暴的应对措施

沙尘暴是指强风扬起地面沙尘，使空气变得混浊，水平能见度低于1千米的恶劣天气现象。气象学规定，凡水平方向有效能见度小于1千米的风沙现象，称为沙尘暴。其中，沙暴是指大风把大量沙粒吹到近地层所形成的风暴；尘暴是指大风把大量尘埃及其他细粒物质卷入高空所形成的风暴。

沙尘暴是风力侵蚀的一种极端现象，不同于浮尘和扬沙天气。它主要发生于干旱、半干旱地区，但也波及半湿润乃至湿润地区。近年来，我国沙尘暴天气出现时间之早，频率之高，强度之大，范围之广，为国内外所罕见。

沙尘暴的应对措施如下：

（1）沙尘暴发生时，空气重度污染，非常容易引发呼吸系统疾病、过敏性疾病、流行病及传染病。因此，这时应尽量减少外出。

（2）关闭好门窗，并将门窗的缝隙用胶带封好。同时，使用加湿器或在地上洒些水，以降低在家中受沙尘暴影响的程度。此外，除照明外，关掉其他一切电器，如电视机、电冰箱等。

（3）发生沙尘暴时，风力往往很大，因此，要远离河流、湖泊、水池，以及围墙、危房、护栏、广告牌、树木和施工工地，以免被卷入水中或被重物砸伤。

（4）沙尘暴猛烈袭来时，不要贸然过马路，也不要慌张，应停止赶路并尽快跑到附近的商店、饭店或民居避风沙，或在低洼地带稍候。

（5）若沙尘暴袭来时身边没有建筑物，则可先用衣服把头蒙住，抓住一个牢固的物体蹲下身子，或者趴在地上，直到沙尘暴过去。

（6）沙尘暴期间外出时，最好戴上口罩和风镜，以减少沙尘对呼吸道和眼睛的伤害。一旦沙尘吹入眼内，应立即用流动的清水冲洗，切忌用脏手揉搓。

（7）沙尘暴期间应多喝水，多吃清淡食物，不要购买街头的露天食品。

---

**思政小课堂：**

为了让大地山清水秀，为了让家园绿树红花，让我们手拉手、肩并肩，共同加入保护环境的行列中来吧。我们今天播下一份绿色的种子，明天将收获一片蓝天绿地。同学们，让我们行动起来吧！从我做起，从现在做起，保护我们的家园，让绿色铺满天涯。

---

**知识链接**

### 国际减轻自然灾害日

国际减轻自然灾害日1989年由联合国大会定于每年10月的第二个星期三。2009年，联合国大会通过决议改为每年10月13日为国际减轻自然灾害日，简称"国际减灾日"。

自然灾害是当今世界面临的重大问题之一，严重影响经济、社会的可持续发展和威胁人类的生存。联合国于1987年12月11日确定20世纪90年代为"国际减轻自然灾害十年"（IDNDR）。所谓"减轻自然灾害"，一般是指减轻由潜在的自然灾害可能造成对社会及环境影响的程度，即最大限度地减少人员伤亡和财产损失，使公众的社会和经济结构在灾害中受到的破坏得以减轻到最低程度。

确立"国际减轻自然灾害十年"和"国际减灾日"，其目的都是唤起国际社会对防灾减灾工作的重视、敦促各地区和各国政府把减轻自然灾害作为工作计划的一部分、推动国家和国际社会采取各种措施以减轻各种灾害的影响。在国际减灾十年间，国际社会在减灾方面取得了显著成就。"国际减轻自然灾害十年"行动的目的是：通过一致的国际行动，特别是在发展中国家，减轻由地震、风灾、海啸、水灾、土崩、火山爆发、森林大火、蚱蜢和蝗虫、旱灾和沙漠化以及其他自然灾害所造成的人命财产损失和社会经济的失调。其目标是：增进每一国家迅速有效地减轻自然灾害的影响的能力，特别注意帮助有此需要的发展中国家设立预警系统和抗灾结构；考虑到各国文化和经济情况不同，制定利用现有科技知识的适当方针和策略；鼓励各种科学和工艺技术致力于填补知识方面的重点空白点；通过技术援助与技术转让、示范项目、教育和培训等方案来发展评价、预测和减轻自然灾害的措施，并评价这些方案和效力。

第十二章　──求职就业安全──

开篇导读

　　学生就业安全问题是关系教育培养人才顺利安全就业的根本问题，也是关系社会政治经济稳定的重要因素之一。随着学校毕业生数量的增加和就业压力的不断增大，学生的就业焦虑也越来越高，求职心情非常迫切。许多毕业生为了找到一份满意的工作，遍投简历、广搜信息，只要是符合自己意愿的招聘信息，就积极行动，绝不放过。但这也给不法分子造成了可乘之机。有的不法之徒利用学生求职心切的心理，巧设名目，设置求职陷阱，造成恶劣的社会影响。据公安部门统计，这类案件在近两年内呈急剧上升趋势。面对这些问题，除了学校要加强安全防护措施外，学生自身在求职过程中也要注意提高警惕，增强安全自我防范意识。

小王是某学校的毕业生。她想通过网络求职，于是将个人资料发布在互联网上，并将电话号码、地址等信息公布。一段时间后，小王接到一个自称是上海一家公司的电话，对方称为了核实小王学生身份和家庭情况，要求小王告知其家庭电话号码。小王觉得用人单位想核实她的真实情况也是正常的，于是将家庭电话、住址等信息告诉了对方。就在这段时间里，远在郑州家中的父亲接到了一个自称是武汉市某医院急救中心主任的电话，对方称小王因交通事故在医院抢救，须汇款30000元到院方指定的账户，否则将影响抢救。其父在与校方、女儿同室同学多方联系未果的情况下，救女心切，当日先后分三次共汇款25000元到指定账户。几个小时后，王父通过其他渠道联系上女儿，才得知这一切竟是个骗局。

现在这种骗术十分流行，有的人无意间被骗子探听到家中的电话号码，就出现了类似的骗局。有的人在手机卡号丢失后，没来得及挂失，骗子就利用手机里存储的电话号码一一打过去。由于亲友众多，难免有上当受骗的，大家要对这种骗术提高警惕。

## 第一节  兼职打工防骗局

每年6~8月，是灵活用工市场最活跃的时期。一方面夏季消费需求大幅提升，很多企业增加了阶段性用工需求；另一方面，成千上万的学生在暑假有了大量可支配时间，涌入人力资源市场。

### 一、假期打工最高发的几类骗局

调查发现，对学生而言，在假期打工的经历中，最让他们担忧的并不是工作累不累、薪酬有多少，而是担心自己被虚假招聘信息忽悠。

这是眼下不容忽视的现实，社会上各类学生兼职机构良莠不齐，总有涉世未深的学生不仅没挣到钱，还"被交钱"，甚至背上沉重的"债务"。下面整理了最高发的几类兼职骗局。

#### （一）高薪兼职

学生陈敏祺在网上找到一个看上去很简单的兼职机会：只需下载一款语音软件，进入直播间听在线发布的工作内容，根据这些内容填写表格，即可获得每小时100元的报酬。

她被要求先交200多元的押金，后又以工号费、软件费、退款费等名目，被索要了近2000元，最后才发现自己被骗了。

这类标榜着高薪、日结、手机可操作的在线兼职，或者其他工作内容简单、薪酬却很丰厚的推销工作，大多是骗局。诈骗团伙通过这些噱头引诱兼职人员前来应聘，之后便以保证保密文稿不外泄、确认合作资质等为借口，要求应聘者缴纳一定的保证金或押金。而应聘者缴纳押金之后，骗子往往跑路消失，被骗的钱财也难以追回。

### （二）网络刷单

学生刘颖曾在一个兼职网站上看到一个大量招聘冲量办卡人员的工作，4小时就能挣300元。当时接待她的工作人员说，让她办理的是"白卡"，一个星期后会自动注销，不产生任何费用。高薪诱惑下，刘颖与另外两名兼职同学一起，很快就办理好10张电话卡。

然而不久前，有两家运营商通知她，说她名下的电话卡虽然注销了，但欠费并未处理。经查询，一张卡的欠费及滞纳金高达4000多元，而另一张则需要还款3300多元。尽管她一次次向兼职网站投诉，但3个月过去了，依旧没有得到答复。

这类刷单兼职骗局，利用学生想挣钱又不想外出奔波的心理，以轻松方便的幌子吸引兼职学生。骗子们先让学生用小金额刷单，让学生尝到一定甜头建立起信任。时机成熟后，骗子就会让学生进行高额刷单，并承诺返利丰厚。一旦得手，骗子就销声匿迹，让兼职学生为之埋单。

### （三）收费培训

部分企业在招聘人员时，要求兼职人员参与岗前培训，假借培训名义收取培训费，并故意延长培训时间，按天数收取培训费，而兼职真正上岗时间少于培训时间，薪酬远低于上缴的培训费，甚至有黑中介收完培训费就直接卷钱消失。

### （四）入会办卡

有些诈骗公司通过发布多种类型的岗位，吸引学生前去报名，后又以岗位已经招满为由，忽悠学生办卡成为会员可掌握更多最新兼职信息，快速找到优质兼职，承诺找不到工作即可退款，以此为借口骗取会员费。而最后学生获得的多是低薪又辛苦的岗位，骗子则收款后消失不见。

### （五）兼职代理

微信群、QQ群等渠道招聘有很大一部分是兼职骗局，骗子通过学校群发布如代理、刷单、打字员等招聘信息，许诺高薪和高福利待遇，推荐各种三无化妆品、面膜、保健品代理岗位，只要缴纳一定金额就能成为代理。也有的是团伙作案，谎称自己是商家需要进货，让学生以高额购入大量商品，然后便无踪影，而学生则花高价购买了一大堆无用商品，有人甚至被骗了数万元。

## 二、兼职打工维权技巧

### （一）要干满2个月，否则不给钱

一些学生被个体或流动服务的公司雇佣，讲好以月为单位领工钱。雇主称要干满2

个月，否则不给钱。事后雇主多次找借口拖延工资。如果学生不干了，雇主正好以其未干满2个月为由不给钱。

应对措施：拖欠工资，应立即停工，可到用人单位所在地或工作所在地的劳动监察部门举报，或到当地的劳动仲裁委员会提起仲裁，要求单位支付拖欠工资。根据《工资支付暂行规定》，工资至少每月支付一次，实行周、日、小时工资制的可按周、日、小时支付工资。"要干满2个月，否则不给钱"的提法违法。

（二）交押金，然后玩消失

通常招工广告上称有文秘、公关等轻松、体面的工作，求职者只需要交一定的保证金即可上班。学生付钱后，招聘单位又说职位已满，要学生等候消息，接下来便石沉大海。

应对措施：如被用人单位扣押保证金，可以到当地的劳动监察大队举报，也可以到当地的人民法院起诉。《中华人民共和国劳动合同法》规定，用人单位招用劳动者，不得要求其提供担保或者以其他名义向劳动者收取财物，用人单位向学生收取保证金的行为违法。

（三）受工伤，索赔无门

一些个体建筑承包者故意将一些苦、脏、累、险的工作交给学生，不与其签订合同，一旦发生工伤等情况，学生多索赔无门。

应对措施：最好不去工地打工，如要去，一定要签合同，如公司拒签合同，就要注意收集能够证明在工地工作的证据，如劳务合同、卡牌、饭票、打卡记录、工资条、入职通知书、工作牌、工作装、证人证言等。一旦发生纠纷可以此向用人单位主张权利。

（四）以"高回扣"为诱饵，误入传销组织

公司以招销售人员为名，连哄带骗地让应聘者先买一些货品，然后让应聘者如法炮制去哄骗他人，以高回扣作诱饵。

应对措施：核实公司是否注册营业执照及主营业务。拒绝购买商品；如上当购买商品，可到法院起诉撤销买卖合同，要求公司返还价款。但要保留证据，如收款的收据等。

提醒：凡要求交纳费用，并依靠发展人头来给付报酬时，极可能是传销组织。万一被强制加入，要及时报警。

（五）发展演艺事业，让学生自掏腰包花大价钱

招聘者通常称招模特或举办个性、影星培训班，要求学生花大价钱拍艺术照参加筛选，再找借口说学生条件欠缺淘汰。有的是以娱乐场所特种行业的高薪吸引求职者，甚至逼其做色情交易。

应对措施：劳动法禁止用人单位事前向劳动者收取押金等费用，用人单位以拍艺术照为名向学生收取费用，学生应拒绝，此种费用多有欺骗性质，由于其提供了拍照等服务，一旦交纳，很难追回。另外，如被逼做色情交易，学生须断然拒绝，如果人身安全受到威胁，应立刻报警。

（六）以中介名义帮忙找工作，收费后无限拖延

中介机构声称自己已做了好几年中介，帮无数学生找到合适的打工机会。学生觉得委托中介省时省力，就交了中介费，但中介机构以无合适岗位为由，拖到学生开学，不了了之。

应对措施：事前先核实中介机构的信用状况，可到企业信用网查询；交费前要求中介机构明确其服务的期限、价款及违约责任等，签订书面合同，留存收款凭证。当中介拖延不给找工作时，可要求解除合同，返还中介费，并要求中介公司承担违约责任。

---

### 课堂故事

某学校小马同学在期中考试后就开始联系寒假兼职了，可是直到期末考试时她还没有找到合适的工作。"从11月10日开始，我先后去了三四家中介公司，这些公司都让我先交押金，然后等消息。"小马说，几经考虑之后，11月12日，刚参加完期中考试的她就和同学一起来到了街道口的某大厦上的一家中介公司，每人交了120元的"信息费"。

当时工作人员表示，她们一年内都可以享受公司提供的招聘信息，可两个星期过去了，中介公司并没有主动给她们提供信息。她打电话询问时，中介找了几个公司让她们去面试，而面试后，她们才发现这些公司都在报纸上登了招聘广告，并没有委托中介来招聘。据小马介绍，像她这样交了中介费却找不到兼职的同学太多了，由于没有那么多的时间和精力与中介交涉，他们拖了一段时间后就只好放弃了。

首先，学生和中介之间的关系不是劳动关系，只是合同关系，并不在劳动法保护范围之内，因此一定要选择合法的中介。最好对这个中介有所了解，看看该中介是否有固定的营业场所，办公设备的软硬件配备是否齐全，工作人员的多少，是否有营业执照、职业介绍许可证等相关的合法执照证件，还要把中介老板等人的电话记好。几个人一块有个照应，在工作之前把押金问题、工资问题都谈好，特别是押金的退回、工资的发放时间等。

其次，要熟悉相关就业政策，用人单位无权收取求职者抵押金、风险金等费用，兼职单位要求交纳押金时，一定要小心谨慎，不要上当。

最后，如果发生求职纠纷，要采取友好协商的方式解决，若上当受骗可到相关劳动部门进行投诉，也可以采取法律手段。

---

## 第二节　传销陷阱须防范

一些传销组织利用学生急于求职的心理，精心设计骗局骗人。他们往往把企业包装成一个实业公司，许诺毕业生的工作是"待遇高，工作轻松，发展前景好"，等学生入套后，就对他们进行培训"洗脑"，限制他们的人身自由。

## 一、如何识别传销

当前，传销组织往往打着"直销""连锁经营""电子商务""人际网络营销"等旗号从事传销。应从以下几个方面识别传销：从组织方式看，传销组织者承诺给予参加者高额回报发展他人加入，参加者再以同样的方式介绍和发展他人加入，以此组成上下线紧密联系的传销网络；从计酬方式看，组织者以参加者发展下线的数量为依据计算和给付报酬，或以参加者发展的下线的销售业绩为依据给付报酬，形成传销的"金钱链"；从销售方式看，与直销的单层次销售（推销员直接将商品推销给最终消费者）相区别，传销是多层次网络式销售；从经营目的看，传销不以销售商品为最终目的，而以发展人员数量，骗取钱财为最终目的。

传销陷阱须防范

## 二、如何防范传销

如何防范传销？如果被骗到外地，到达当地后朋友绝口不谈工作、生意，而只是带你游山玩水、熟悉环境，进行所谓放松；要看你的身份证、借打你的手机等。这些情况极有可能是传销，一定要机智、冷静应对，在确保自身安全的情况下设法逃脱。如果发现该组织从事传销活动证据确凿后，应设法与当地公安机关、工商行政管理机关取得联系，及时举报。

## 三、什么是网上传销

网上传销是指主要利用互联网进行的传销，是近年来出现的一种新的传销形式，如"远程教育网""世界互联基金"等。传销人员通过建立网站，利用互联网发布"快速致富"、高额回报等虚假信息（目前传销人员还通过垃圾邮件、网上论坛、聊天工具等大肆发送传销信息），诱骗他人通过银行或邮政汇款将钱款直接汇入传销人员的账户，购买网页空间或者所谓的"产品"、致富信息，取得加入资格。他们声称只要按照同样的方式继续发展他人加入就可以获得报酬，发展的人员越多赚的钱就越多，"月入上万""动动手指就赚大钱""坐在家里赚钱"，很快就可以成为"富翁"。他们编造自己的亲身经历现身说教，并信誓旦旦地列出所谓的赚钱公式，号称"真的不骗你"，使参加的人上当受骗，血本无归，而传销组织者及骨干分子则趁机敛取钱财。由于互联网具有虚拟性、跨地域性，不少人即使上当受骗也找不到人，难以保障自己的合法权益。

因此，不要相信网上发布的各种传销信息，不要参与网上传销，也不要在网上发布传销信息。

> **课堂故事**
> 十堰市今年毕业的小王，因女友家在宜昌，于是决定毕业之后去宜昌工作。10月中旬，小王在网上向宜昌一家大型公司递交了一份简历，晚上就接到该公司的

回复。对方表示，小王已被录用，分公司在河南××地方，让小王直接过去工作。

　　求职心切的小王22日就赶到了洛阳，电话联系后，对方让小王先找个地方住一晚，第二天派人接他。第二天中午，果然来了2名学生模样的男子，由于交谈甚欢，小王很快放松了警惕。两名男子称小王人生地不熟，热情地带他买生活用品。买完东西后两名男子把小王带到郊区的一间民房内。此时，小王意识到自己可能是进了传销窝。随后，就有人没收了他的手机和其他物品，并要求小王向家里要4000元，加入一种××保健品传销。迫于无奈，小王向家里要了钱。交了钱，小王相对有了一定的人身自由。10月31日，小王拿到手机后，借口出门买东西，乘人不备打车逃走。

## 第三节　求职权益应维护

　　每年的7月是毕业生求职的高峰期，毕业生在首次就业过程中，一定要时刻保持清醒的头脑，了解和掌握就业方面的知识和政策，并严格按照程序办事，使自己的合法权益能得到充分的保障。

### 一、实习试用签订协议

　　由于目前法律没有规范实习的学生与用人单位间权利义务的相关规定，因此学生毕业前参加实习时一定要和用人单位之间签署书面的实习协议，自行约定相关权利义务以保障自身利益，如应在实习协议中约定工作期间发生意外如何处理、实习报酬怎样支付、工作时间如何确定等。如果是已经毕业、进入单位实习，学生则应知晓自己在试用期间有要求用人单位为自己缴纳社保并且支付不低于正式工资80%的工资报酬等权利。另外，试用期的期限也应合理，避免用人单位以试用期为名长期使用廉价劳动力；试用期，用人单位与劳动者解除劳动关系也应受到法律约束。

### 二、求职成本合理控制

　　打印个人简历、置办正装等必要的支出无可非议，但在面对用人单位以各种名义收取费用时，一定要擦亮眼睛，以免受骗。根据《中华人民共和国劳动合同法》相关规定，用人单位招用劳动者，不得扣押劳动者的居民身份证和其他证件，不得要求劳动者提供担保或者以其他名义向劳动者收取财物。如遇用人单位以招聘为名收取面试、笔试费用的时候，劳动者要多加思考，因为除了国家规定的可以收取费用的考试（如国家及地方公务员考试）外，用人单位无权收取所谓的考试费用。

### 三、入职体检免受歧视

　　入职之前，用人单位一般都会进行入职体检，来确定求职者基本的身体素质是否符合要求。根据《中华人民共和国就业促进法》规定，用人单位招用人员、职业中介机构从事职业中介活动，应当向劳动者提供平等的就业机会和公平的就业条件，不得实施就业歧视。在实践中，除了用工职位有明确的要求并且提前在招聘时公示外，一般而言，法律禁止用人单位以性别为女、已经结婚、携带乙肝病毒、身高不足、体重超标等原因拒绝录用求职者，如因上述原因遭拒，求职者可以依法要求用人单位承担因此而产生的缔约过失责任，维护自己的权益。

## 四、劳动合同书面形成

一份书面劳动合同，是劳动者证明自己与用人单位存在劳动关系最有力的证据，也是对用人单位和劳动者之间权利义务的最好规范。首先，应要求用人单位及时与自己签署书面的劳动合同，约定工资报酬、岗位、期限、工时制等主要条款；其次，要审查劳动合同中是否有违反法律规定的条款，如约定了户口落下之后劳动者提前离职需缴纳巨额违约金等条款；最后，避免在空白的劳动合同上签字，否则一旦用人单位改变约定的条件并且将不利条件写入劳动合同中以后，劳动者维权便处于不利的地位。

> ### 🔁 知识链接
>
> #### 常见的劳动合同陷阱
>
> 1. 口头合同
>
> 口头合同具体表现在一些用人单位与求职者就责、权、利达成口头约定，并不签订书面正式文本。一些求职心切、涉世未深的毕业学生极易相信用人单位种种"许诺"。这种口头"合同"是靠不住的，一有"风吹草动"，这些口头许诺就会化为泡影。
>
> 2. 格式合同
>
> 格式合同，即用人单位按照国家有关法律规定和劳动部门制定的合同示范文本事先打印好的聘用合同。从表面上看，这种合同似乎无可挑剔，可是具体条款却表述含糊，甚至有多种解释，一旦发生劳务纠纷，用人方总会按照"合同"为自己辩护，最终吃亏的还是应聘者。
>
> 3. 单方合同
>
> 一些用人单位利用应聘者求职心切的心理，只约定应聘方有哪些义务、违反约定要承担怎样的责任、毁约要交纳违约金等，而合同上关于应聘者的权利几乎一字不提。如果签订这样的合同，应聘者无疑是将自己送上"案板"，任用人单位"宰割"。
>
> 4. 生死合同
>
> 生死合同，即一些危险行业用人单位为逃避应该承担的责任，常常在签订合同时，要求应聘方接受合同中的"生死协议"，即一旦发生意外，企业不承担任何责

任。如果签订这种合同，真的发生意外事故后，恐怕交涉起来会有更多的麻烦。

5. "两张皮"合同

有些用人单位慑于有关部门的监督检查，往往与应聘者签订两份合同，一份合同用来应付劳动部门的检查，另一份合同才是双方真正履行的合同。用来应付检查的合同是用人单位一手炮制的，连签名也是假冒的，应聘者不但见不到这份合同，甚至不知道有这份合同的存在。而双方真正履行的那份合同，是不能暴露在阳光之下的，因为那份真合同一定是只有利于用人单位的不平等合同。

合同是维护自己合法权益的武器。一旦掉进合同陷阱，不仅会失去自己的尊严，也会失去本应该得到的利益。因此，有关人士提醒广大求职者，签订合同时，一定要睁大眼睛，看清楚再签。